无线传感器网络的核心及安全技术研究

WUXIAN CHUANGANQI WANGLUO DE
HEXIN JI ANQUAN JISHU YANJIU

宋吾力◎著

U0321755

中国水利水电出版社
www.waterpub.com.cn

内 容 提 要

全书共7章,主要内容包括:无线传感器网络概述,无线传感器网络的相关通信协议,无线传感器网络的定位、跟踪与时间同步技术,无线传感器网络的拓扑控制与覆盖技术,无线传感器网络中间件技术,无线传感器网络的数据融合与数据管理技术,无线传感器网络的安全技术。

本书作者在无线传感器网络领域进行了了多年研究,书中大部分内容是研究的成果。全书内容新颖翔实、概念明确、逻辑缜密、文字精炼易懂,可供无线传感器网络研究人员和无线传感器网络设计工程师参考。

图书在版编目(CIP)数据

无线传感器网络的核心及安全技术研究/宋吾力著
. --北京:中国水利水电出版社,2015.6(2022.9重印)
ISBN 978-7-5170-3300-4

Ⅰ.①无… Ⅱ.①宋… Ⅲ.①无线电通信－传感器－研究②无线电通信－传感器－安全技术 Ⅳ.①TP212②TN915.05

中国版本图书馆 CIP 数据核字(2015)第 140001 号

策划编辑:杨庆川 责任编辑:陈 洁 封面设计:崔 蕾

书 名	无线传感器网络的核心及安全技术研究
作 者	宋吾力 著
出版发行	中国水利水电出版社
	(北京市海淀区玉渊潭南路 1 号 D 座 100038)
	网址:www.waterpub.com.cn
	E-mail:mchannel@263.net(万水)
	sales@mwr.gov.cn
	电话:(010)68545888(营销中心)、82562819(万水)
经 售	北京科水图书销售有限公司
	电话:(010)63202643、68545874
	全国各地新华书店和相关出版物销售网点
排 版	北京厚诚则铭印刷科技有限公司
印 刷	天津光之彩印刷有限公司
规 格	170mm×240mm 16 开本 15.75 印张 204 千字
版 次	2015年11月第1版 2022年9月第2次印刷
印 数	2001—3001册
定 价	48.00 元

前　言

　　无线传感器网络是一种综合信息采集、处理和传输功能于一体的智能网络信息系统。无线传感器网络由大量传感器节点组成,这些传感器节点被部署在指定的地理区域,通过无线通信和自组织方式形成无线网络,能够实时感知与采集指定区域内的各种环境数据和目标信息,并将所感知与采集到的数据和信息传送给监控中心或终端用户,实现对物理世界的感知、人与物理世界之间的通信和信息交互。如果说互联网的出现改变了人与人之间的沟通方式,那么无线传感器网络的出现将改变人类与自然界之间的交互方式,使人类可以通过无线传感器网络直接感知客观世界,极大地提高人类认识、改造物理世界的能力。因此,无线传感器网络在民用和军事领域具有十分广阔的应用前景。在民用领域,无线传感器网络可以应用于环境监测、工业控制、医疗健康、智能家居、科学探索、抢险救灾和公共安全等方面;在军事领域,无线传感器网络可以应用于国土安全、战场监视、战场侦察、目标定位、目标识别、目标跟踪等方面。
　　无线传感器网络技术涉及微电子、网络通信和嵌入式计算等主要技术,是当前国际上备受关注的、多学科交叉的一个前沿热点研究领域。由于无线传感器网络拥有广阔的应用前景,近年来引起了国际上许多国家的高度重视。1999 年,美国《商业周刊》将无线传感器网络技术列为 21 世纪最重要的 21 项技术之一,认为这一技术将对未来社会进步和人类生活产生巨大影响,极大地改变人们的生活、工作以及人与物理世界交互的方式。因此,无线传感器网络在过去的十多年中得到了广泛、深入的研究,并在基础理论、关键技术和实际应用等方面取得显著的成果。然而,尽管一些商用的无线传感器网络系统已经出现,并开始投入实际应用，无线传感器网络在传感器、组网、节能、安全等技术方面仍然受到许多限制，许多相关技术和问题还有待进一步探索、研究和解决。

本书作者在无线传感器网络领域进行了多年研究，本书的大部分内容是这些研究的成果，此外还吸收了国内外现有相关著作中许多精华内容。它既有国内外专家精华浓缩，也包含了作者从事多年无线传感器网络的教学经验和科研成果，希望能给读者带来一些启迪和帮助。

全书共有 7 章，第 1 章无线传感器网络概述，第 2 章无线传感器网络的相关通信协议，第 3 章无线传感器网络的定位、跟踪与时间同步技术，第 4 章无线传感器网络的拓扑控制与覆盖技术，第 5 章无线传感器网络中间件技术，第 6 章无线传感器网络的数据融合与数据管理技术，第 7 章无线传感器网络的安全技术。

每一项重要工作的背后都跟团队的密切协作有很大关系，本书也不例外。作者在此要感谢所有在漫长写作过程中给予帮助的同仁。同时，本书也参考了一些网络信息、期刊文献等，在此对相关作者致以最真诚的谢意。由于时间仓促以及知识水平所限，书中难免存在不妥和错误之处，真诚希望广大读者批评指正。

作 者

2015 年 4 月

目 录

第1章 无线传感器网络概述

许多领域需要监视和测量各种物理现象[比如温度、液位、振动、损伤(张力)、湿度、酸度、泵、生产线的发电机、航空、建筑物维护等],包括建筑工程、农林业、卫生、后勤、交通运输、军事应用等。有线传感器网络一直长期用于支持这种环境,直到最近也只是在有线基础设施不可行的时候(比如偏僻区域、敌对环境)才使用无线传感器。有线传感器网络安装、停机、测试、维护、故障定位、升级的成本高,从而使得无线传感器网络(Wireless Sensor Network,WSN)很有吸引力。

最新技术发展已经使得人们能够生产智能、自治、能量高效并且可以大量使用的传感器,在地理区域中构成自组织和自愈WSN。无线传感器技术成本大幅度下降,因而具有广泛的应用。随着WSN技术和其他相关技术的不断发展进步,WSN将不断成熟,极有可能长期而显著地改变人类的日常生活。

1.1 无线传感器网络的概念与特征

1.1.1 无线传感器网络的概念

随着电子信息技术、网络技术的不断发展,在人们生活、工作、娱乐等方方面面均可见到无线通信技术的身影。作为无线通信中一个新兴领域——无线传感器网络,也得到了长足发展,并渐渐走向集成化、规模化发展。

与此同时,传感器节点变得越来越微型化,功能却变得越来越强大,在进行无线通信的同时,还可以进行简单的信息处理。

这类传感器除了监测环境中我们所需要的一些数据外,还具有对收集到的有用数据进行处理的能力,直接将处理后的数据发送到网关,有的甚至还能够实现数据融合的功能。随着电子信息技术的不断发展,无线传感器节点早已具备信息处理和无线通信的能力,就是在这样的背景下,产生了无线传感器网络。

无线传感器网络是对上一代传感器网络进行的技术上的革命[①]。早在1999年,一篇名为"传感器走向无线时代"的文章将无线传感器网络的这一理念传递给了很多人,此后在美国的移动计算和网络国际会议中,无线传感器的概念被提出。并预测WSN将是21世纪难得的发展领域。2003年,美国的一家杂志在谈到未来新兴的十大技术时,排在第一的就是无线传感器网络技术;同年,美国的《商业周刊》在论述四大新兴网络技术时,无线传感器网络也被列入其中;甚至《今日防务》杂志给出评论说,WSN的出现和大规模发展将会带来一场跨时代的战争革新,这不仅体现在信息网络领域,军事领域和未来战争也会随之发生巨大变化。从上面我们可以看出,WSN的快速发展和大规模应用,将会推动社会和科技发展,引领时代潮流。

WSN是一种特殊的无线通信网络,它是由许多个传感器节点通过无线自组织的方式构成的,应用在如战场、环境监控等一些特殊领域;通过无线的形式将传感器感知到的数据进行简单的处理之后,传送给网关或者外部网络;因为它具有自组网形式和抗击毁的特点,各个国家对其关注度都比较高。

无线传感器网络由多个无线传感器节点和少数几个汇聚(Sink)节点构成,一般来说,无线传感器网络工作流程大致如下:首先使用飞机或其他设备在被关注地点撒播大量微型且具有一定数据处理能力的无线传感器节点,节点若想要激活搜集其附近的传感器节点的话,需要先激活再借助于无线方式与这些节点之间建立连接,从而形成多节点分布式网络,这些节点通

---

① 马祖长,孙怡宁.无线传感器网络综述[J].通信学报,2004.(03).

过传感器感知功能采集这些区域的信息,经过本身处理之后,采用节点间相互通信最终传给外部网络。

1.1.2 无线传感器网络的特征

无线传感器网络是一种面向任务的无线自组织网络系统,通常由大量密集部署在某个监测区域的传感器节点以及一个或多个位于区域内或区域附近的数据汇聚节点组成,如图 1-1 所示。这些传感器节点体积小,但配备有传感器、嵌入式微处理器和无线收发器等器件,集信息采集、数据处理和无线通信等功能于一体,能够通过无线通信和自组织方式形成网络,可以检测和处理监测区域内的各种环境数据或目标信息,并将所监测到的数据和信息传送给汇聚节点,从而协作完成指定的监测任务。同时,传感器节点还可以通过汇聚节点作为网关,与现有的网络基础设施(如互联网、卫星网、移动通信网等)建立连接,使远程的监控中心或终端用户能够使用采集到的数据和信息。

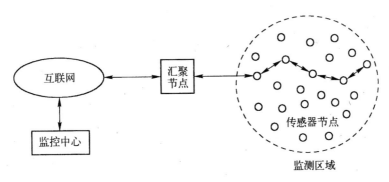

图 1-1　无线传感器网络基本结构示意图

无线传感器网络是一种特殊的无线自组织网络,跟传统的无线自组织网络比较接近,主要表现在自组织特性、分布式控制、拓扑动态性等方面。

(1)自组织特性

在许多无线传感器网络应用中,传感器节点通常是随机部署的,事先无法确定节点的位置和节点间的相邻关系。例如,通过飞机将大量传感器节点撒播在面积广阔的原始森林或用火炮将传感器节点投射到敌方战区。因此,传感器节点需要具有自组织能力。在部署后,能够在任何时间、任何地点自动构建成多跳的无线网络,组网跟任何固定网络设施关系都不大,并且能够在网络拓扑发生变化的情况下自动重构网络。

（2）分布式控制

在无线传感器网络中,不存在绝对的控制中心,所有传感器节点都是一样的,可以通过分布式控制协调来完成节点之间的工作,故无线传感器网络也可以看作是分布式感知网络。无线传感器网络可以随时增加节点或撤掉节点,整个网络的运行不会因任何节点的故障而受到任何影响,抗毁性比较强。

（3）拓扑动态性

无线传感器网络的拓扑结构会由于各种不同的因素而频繁发生变化。例如,环境条件的变化会影响到无线信道的质量,导致通信链路的间断。传感器节点由于工作环境恶劣容易损坏,并随时可能由于各种原因发生故障而导致失效,节点会由于能量耗尽而死亡,节点会加入或离开网络,某些节点和监测目标具有移动性等。所有这些情况的发生都会使网络的拓扑结构发生变化。因此,无线传感器网络的拓扑结构具有很强的动态性。

但是,无线传感器网络与传统的无线自组织网络差别非常明显,重点表现在网络规模大、节点能力受限、节点可靠性差、多对一传输模式、应用相关性、冗余度高、以数据为中心等方面。

①网络规模大。为了保证网络有效、可靠地工作,获取准确的监测数据或目标信息,无线传感器网络通常需要大规模地部署在指定地理区域。这里,大规模主要体现在以下两个方面:一方面是传感器节点分布的区域范围大且节点数量多。和传统无线自组织网络比起来,其节点的数量和密度均有若干数量级的提高。无线传感器网络不是依靠单个节点的能力,而是通过大量冗余节点的协同工作来完成指定的任务。

②节点能力受限。传感器节点通常由电池供电。由于传感器节点的微型化，节点的电池容量并不大。且传感器节点往往会被部署在恶劣或敌对的环境下，更换电池或给电池充电的难度比较大甚至是无法实现。因此，传感器节点的能量十分受限，这对节点的工作寿命和网络的生存时间具有决定性的影响。同时，传感器节点低成本、微型化的要求使节点的处理能力和存储容量大打折扣，也就无法再进行复杂的计算。此外，传感器节点在体积、能量方面的限制会在很大程度上影响节点的通信能力。

③以数据为中心。无线传感器网络是围绕着数据存在的，用户通常只关注指定区域内所监测对象的数据，而某个具体节点所监测到的数据不是其关注的对象。用户在查询数据或事件时，并不是网络中某个具体的节点来完成该任务，而是由整个网络在完成相关信息的采集和处理后传递给客户。无线传感器网络的以数据为中心的特点也因此得以体现，不同于传统网络的寻址过程，各个节点的信息能够被快速、有效地收集起来，融合提取出有用信息并直接传送给终端用户。

④节点可靠性差。无线传感器网络通常部署在恶劣或敌对的环境中，往往没有人来具体的管理传感器节点，导致节点和网络的维护难度非常大，甚至不可能。因此，传感器节点容易损坏或发生故障。

⑤多对一传输模式。在无线传感器网络中，节点所监测和采集到的信息和数据通常由多个源节点向一个汇聚节点传送，呈现为多对一的数据传输模式。这种数据传输模式与传统网络中的模式差别非常明显。

⑥冗余度高。在无线传感器网络中，相关收集数据的任务是由大量传感器节点协同完成的，这些节点在指定的地理区域密集地部署着，多个传感器节点所获取的数据和信息通常具有较强的相关性和较高的冗余度。

⑦应用相关性。无线传感器网络是以任务或应用为出发点的，不同的传感器网络所要收集的数据类型也会有所差别，故导

致了在设计网络时要按照不同的要求来进行,也就无法避免其硬件平台、软件系统和网络协议之间的差异。因此,在传统计算机网络中使用统一的通信协议的情况不会出现在无线传感器网络中。要根据具体的应用需求来设计传感器网络,这也充分体现了传感器网络与传统网络设计之间的差别。

1.2 无线传感器网络的体系结构

1.2.1 无线传感器节点结构

在无线传感器网络中,节点有传感器节点、汇聚节点和管理节点之分,具体如图 1-2 所示。在监测区域(sensor field)内部或附近部署着数量庞大的传感器节点,其具有无线通信与计算功能,通过自组织的方式构成了能够完成相关应用需求的分布式智能化网络系统,并以协作的方式实现网络覆盖区域中信息的感知、采集和处理,通过多跳后路由到汇聚节点,最后借助于互联网或者卫星到达数据处理中心管理节点。沿着相反方向,用户可以通过管理节点来配置和管理传感器网络,发布监测任务以及收集监测数据。

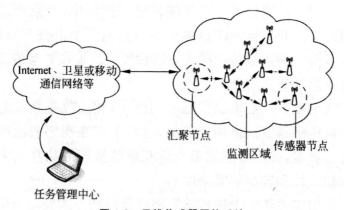

图 1-2 无线传感器网络系统

1. 传感器节点

有数量庞大的传感器节点构成无线传感器网络,事实上,每个传感器节点就是一个微型的嵌入式系统,它具有感知功能、处理功能、存储功能和通信功能。传感器节点一般由数据采集模块、处理控制模块、无线通信模块和能量供应模块这四个模块构成(如图 1-3 所示)。

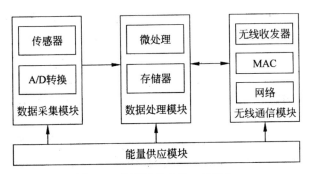

图 1-3　传感器节点的一般结构

①数据采集模块。在整个传感器网络中,区别于其他三个模块,该模块是唯一直接与外部信号量接触的,由传感器探头和变送系统共同构成,负责完成对感知对象信息的采集和数据转换工作。

②处理控制模块。和其他三个模块比起来,该模块负担的工作量最大也就使其成为关键的模块,负责完成整个传感器节点的操作(设备控制、任务分配与调度)、存储与处理自身采集的数据以及其他节点发来数据的控制工作。

③无线通信模块。传感器网络节点间数据通信的需求借助于该模块,该模块能够完成与其他传感器节点之间的无线通信、交换控制信息和收发采集数据。

④能量供应模块。在传感器节点的四个模块中,其他三个模块功能的发挥需要立足于该模块,能够为传感器节点提供运行所需的能量,基于此节点才能正常工作。鉴于整个传感器节点的数量非常庞大,且其部署在很大的监控区域内,故采用普通

工业电能是不可能的,所以仅能使用自己已存储的能源(如电池供电)或者从自然界自动摄取能量(如太阳能、振动能等),一旦电源耗尽,节点就不再具备工作能力。节点的设计因应用不同而会有一定的差异,但其基本原则是采用尽量灵敏的传感器、尽量低功耗的器件、尽量节省的信号处理和尽量持久的电源。本模块中能源消耗与网络运行可靠性的关系是必须要解决好的。目前,电池无线充电技术日益引起人们的关注并成为可能的发展方向;另外,利用周围环境获取能量(如太阳能、振动能、风能、物理能量等)为节点供电相结合也是 WSN 节点设计技术的不错发展方向。

2. 汇聚节点

由于汇聚节点需要完成更多的工作,故要求其拥有更加强大的处理、存储和通信能力,传感器网络借助于该节点能够和 Internet 等外部网络之间建立连接,能够完成两种协议栈之间的通信协议的转换,同时发布管理节点的监测任务,并把收集的数据转发到外部网络上。汇聚节点既可以是一个具有增强功能的传感器节点,有足够的能量供给和更多的内存与计算资源,也可以是没有监测功能仅带有无线通信接口的特殊网关设备。

3. 管理节点

即用户节点,用户对传感器网络进行配置和管理即要通过管理节点来实现,发布监测任务以及收集监测数据。抛撒在监测区域的传感器节点以自组织方式构成网络,在完成数据的收集后,将以多跳中继方式将数据传回 sink 节点,借助于互联网技术或者是移动通信网络技术,sink 节点会将收集到的数据传递给远程监控中心进行处理。在这个过程中,传感器节点在完成感知数据功能的同时还需要扮演转发数据的路由角色。目前,为了尽可能地提高无线传感器网络的性能,人们把精力都集中在了对提高传感器节点的软硬件性能上。

1.2.2　无线传感器网络结构

在实际应用中,无线传感器网络由大量密集部署在指定地理区域的传感器节点以及一个或多个位于区域内或区域附近的数据汇聚节点构成。汇聚节点所要完成的工作区别于传感器节点所要完成的工作,汇聚节点负责向监测区域内的传感器节点发送查询消息或指令,传感器节点则负责完成监测任务,并将监测数据发送给汇聚节点。同时,汇聚节点还作为连接外部传输网络(如互联网、卫星网等)的网关,收集来自传感器节点的数据,然而简单处理收集到的数据,然后将处理后的数据通过互联网或其他传输网络,传送给远程监控中心和有使用该数据需求的终端用户。

在无线传感器网络应用中,可以采用的网络结构也不相同。这些网络结构主要可以划分为单跳网络结构和多跳网络结构两大类,其中多跳网络结构又可划分为平面结构和分层结构两种类型。单跳网络结构简单控制起来比较容易,适合在一些小的区域内部署少量传感器节点的应用场合。多跳网络应用范围广泛,但网络结构复杂,部署和管理成本相对较高。

1. 单跳网络结构

为了向汇聚节点传送数据,各传感器节点可以采用单跳的方式将各自的数据直接发送给汇聚节点,采用这种方式所形成的网络结构为单跳网络结构,如图 1-4 所示。然而,在无线传感器网络中,节点用于通信所消耗的能量跟感知和处理所消耗的能量完全不在一个数量级。在无线信道上传送 1 比特数据所消耗的能量与处理相同比特数据所消耗的能量的比率,可以达到 $1000\sim10000$。而且,用于无线发射的能量占通信所需能量的主要部分,随着发射距离的增加,所需的发射功率呈指数型增长。因此,为了节省能量和延长网络生存时间,所传送的数据量要做到尽可能地少,使发射距离得以缩短。由于无线传感器节点的低成本、微型化以及节点在能量方面的限制,单跳网络结构不适合大多数无线传感器网络应用,多跳短距离通信是更适合无线传感器网络的一种通信方式。

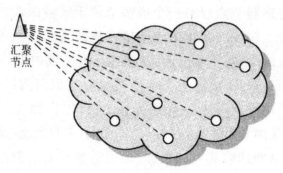

图 1-4　单跳网络结构

2. 多跳网络结构

在大多数无线传感器网络应用中,传感器节点密集分布在指定区域,相邻节点间距离非常近,因此可以采用多跳网络结构和短距离通信实现数据传输。在多跳网络结构中,传感器节点通过一个或多个网络中间节点将所采集到的数据传送给汇聚节点,使通信所需的能耗得以尽可能地降低,如图 1-5 所示。多跳网络结构又可分为平面结构和分层结构这两种结构。

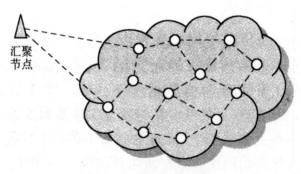

图 1-5　多跳网络结构

（1）平面结构

平面结构是一种简单的多跳网络结构,如图 1-5 所示。在平面结构中,各传感器节点在组网过程中所起的作用是相同的,所有传感器节点的地位是同等的,其功能特性完全一致。由于一个传感器网络中所部署的传感器节点数量通常很大,不可能为每个传感器节点分配一个标识符。因此,在无线传感器网络中,数据采集是以数据为中心的。在以数据为中心的数据采集中,汇聚节点通常采用泛洪的方式向指定区域内的所有节点管理查询消息,只有那些具有所查询数据的传感器节点才响应汇聚节点,每个节点通过多跳路径与汇聚节点进行通信,并使用网络中的其他节点进行中继。

(2)分层结构

在分层结构中,传感器节点被组织成一系列的簇,每个簇都是由多个成员节点和一个簇头节点组成的。簇成员需要首先把其数据发送给簇头,再由簇头将数据发送给汇聚节点。在这种结构中,负责采集或监测任务是由具有较低能量的节点完成的,并将采集或监测到的数据发送给距离自己较近的簇头,而具有较高能量的节点可以作为簇头处理从簇成员接收到的数据,并将处理后的数据发送到汇聚节点。这种网络结构不仅能够降低通信的能耗,而且能够平衡节点间的业务负载,使网络的可扩展性得以提高,更好地适应网络规模的变化。由于所有传感器节点具有相同的传输能力,所以分簇必须要周期性地进行,才能有效平衡各节点间的业务负载。此外,采用分层结构可以在簇头进行数据融合,减少向汇聚节点发送的数据量,从而提高网络的能量效率。

簇头的选择与簇的组织是分簇的核心问题。在这方面,可以采用不同的分簇策略。根据簇头与簇成员之间的距离,可以把传感器网络组织成单跳分簇结构和多跳分簇结构,如图1-6和图1-7所示。在单跳分簇结构中,各簇内的所有成员节点距离其簇头的距离均为一跳,而在多跳分簇结构中,各簇内的成员节点距离其簇头的距离可以为一跳,也可以为多跳。此外,根据分簇结构中的层数,可以把传感器网络组织成单层分簇结构和多层分簇结构,图 1-6 和图 1-7 中的结构属于单层分簇结构。多层分簇结构如图 1-8 所示。为了解决分簇问题,许多文献中提出了各种不同的分簇算法。

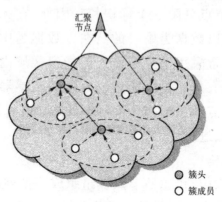

图 1-6 单跳分簇结构

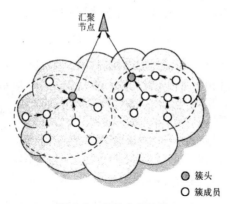

图 1-7 多跳分簇结构

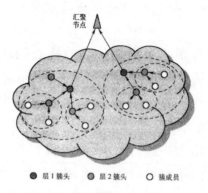

图 1-8 多层分簇结构

1.2.3　无线传感器网络协议栈

随着传感器网络的深入研究,研究人员提出了多个传感器节点上的协议栈。图 1-9[①](a)所示是早期提出的一个协议栈,这个协议栈是由物理层、数据链路层、网络层、传输层和应用层五个部分组成的,与互联网协议栈的五层协议相对应。另外,协议栈还包括能量管理平台、移动管理平台和任务管理平台。这些管理平台使得传感器节点能够按照能源高效的方式协同工作,在节点移动的传感器网络中转发数据,并支持多任务和资源共享。各层协议和平台的功能如下:

①物理层提供简单但健壮的信号调制和无线收发技术。

②数据链路层负责数据成帧、帧检测、媒体访问和差错控制。

③网络层主要负责路由生成与路由选择。

④传输层负责数据流的传输控制,是保证通信服务质量的重要部分。

⑤应用层包括一系列基于监测任务的应用层软件。

⑥能量管理平台管理传感器节点如何使用能源,能量的节省是各个协议层都需要考虑的。

⑦移动管理平台检测并注册传感器节点的移动,维护到汇聚节点的路由,使得传感器节点能够动态跟踪其邻居的位置。

⑧任务管理平台在一个给定的区域内平衡和调度监测任务。

图 1-9(b)所示的协议栈细化并改进了原始模型。从图 1-9可以看出,定位和时间同步子层在协议栈中的位置比较特殊。它们既要依赖于数据传输通道进行协作定位和时间同步协商,同时又要为网络协议各层提供信息支持,如基于时分复用的

---

① 　孙利民等.无线传感器网络[M].北京:清华大学出版社,2005:5

MAC 协议,基于地理位置的路由协议等很多传感器网络协议都需要定位和同步信息。所以在图 1-9 中用倒 L 型描述这两个功能子层。图 1-9(b)右边的诸多机制一部分融入到图 1-9(a)所示的各层协议中,对协议流程进行优化和管理;另一部分独立在协议外层,通过各种收集和配置接口对相应机制进行配置和监控。如能量管理,在图 1-9(a)中的每个协议层次中都要增加能量控制代码,并提供给操作系统进行能量分配决策;QoS 管理在各协议层设计队列管理、优先级机制或者带宽预留等机制,并对特定应用的数据给予特别处理;拓扑控制利用物理层、链路层或路由层完成拓扑生成,反过来又为它们提供基础信息支持,优化 MAC 协议和路由协议的协议过程,提高协议效率,减少网络能量消耗;网络管理则要求协议各层嵌入各种信息接口,并定时收集协议运行状态和流量信息,协调控制网络中各个协议组件的运行。

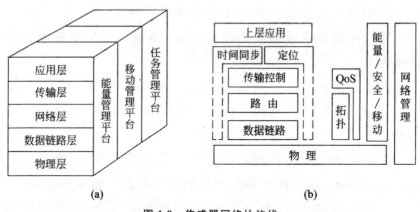

(a)   (b)

图 1-9   传感器网络协议栈

1.3   无线传感器网络的发展历史和研究现状

1.3.1   无线传感器网络的发展简史

无线传感器网络的发展最初可以追溯到 20 世纪 70 年代的

传统无线传感器系统。当时,美国军方研制了"热带树"。在该传感器网络中,传感器可以分为震动传感器和声响传感器两种,它由飞机投放,落地后插入泥土中,只有伪装成树枝的无线电天线露在外面。当敌方车队经过时,传感器探测出目标产生的震动和声响,并将所探测到的数据信息发送到指挥中心。指挥中心收到数据信息后,立即指挥空军进行轰炸,从而炸毁了大量运送物资的车辆,就会收到预期效果。这种早期使用的无线传感器系统,其特征是传感器节点只能够产生探测数据,不具备计算能力,且相互之间不能通信。

无线传感器网络的构想源自美国军方对军用侦察系统的需求,其研究诞生于 20 世纪 70 年代末。1978 年,"分布式传感器网络(Distributed Sensor Networks,DSN)计划"被美国国防部高级研究计划局(Defense Advanced Research Projects Agency,DARPA)提出。在卡耐基-梅隆大学成立了由多所大学组成的分布式传感器网络研究组,工作重点集中在对分布式传感器网络中的通信和计算等问题的研究上。20 世纪 80 年代至 90 年代末期间,DARPA 和美国军方又设立了多项有关无线传感器网络的研究计划,对各种无线传感器网络技术和系统开展了研究工作,如 WINS(Wireless Integrated Network Sensors)、SensorIT(Sensor Information Technology)、SmartDust、Sea-Web 等计划。这些研究计划及其研究成果有效推进了无线传感器网络技术的发展,同时使军方、学术界和工业界逐渐提高了对无线传感器网络的重视程度。1999 年,无线传感器网络技术被美国《商业周刊》杂志列为 21 世纪最重要的 21 项技术之一,人们的工作、生活、娱乐会因该技术而受到重大影响。

进入 21 世纪以来,无线传感器网络在国际上掀起了一股巨大的研究热潮。美国国防部、能源部、国家自然基金委员会(National Science Foundation,NSF)等部门和机构投入了大量经费,一大批无线传感器网络的研究计划得以建立、完成,在众多大学、研究机构和公司开展相关基础理论和关键技术的研究。

与此同时,继美国之后,欧洲、澳大利亚和亚洲的一些工业化国家相继启动了许多关于无线传感器网络的研究计划,使无线传感器网络的相关理论和技术得到了长足发展。此外,包括英特尔公司(Intel)、国际商业机器公司(IBM)、摩托罗拉公司(Motorola)和西门子公司(Siemens)等在内的许多国际计算机和通信公司也积极开展有关无线传感器网络技术的研究和开发。随着微机电系统、嵌入式计算和无线通信技术的进步以及大量研究、开发工作的进行,无线传感器网络在基础理论、关键技术和实际应用方面已经取得了较大的研究进展,目前,无线传感器网络系统在实际应用领域中也比较常见。可以预见,随着研究工作的不断深入和关键技术的不断突破,不久的将来,无线传感器网络将在多个不同的领域得到广泛的应用。

1.3.2 无线传感器网络的研究现状

20世纪70年代,第一代传感器网络诞生,第一代传感器网络特别简单,传感器只能获取简单信号,数据传输采用点对点模式,传感器节点与传感控制器相连就构成了这样一个传感器网络。在功能方面,第二代传感器网络比第一代传感器网络稍有增强,它能够读取多种信号,硬件上采用串/并接口来连接传感控制器,是一种能够综合多种信息的传感器网络。传感器网络更新的速度越来越快,在20世纪90年代后期,第三代传感器网络问世,它更加智能化,综合处理能力更强,能够智能地获取各种信息,网络采用局域网形式,通过一根总线实现传感器控制器的连接,是一种智能化的传感器网络。截止到目前,第四代传感器网络还处于研发制定中,虽然实验室的无线传感器网络已经能够运行,但限于节点成本、电池生命周期等原因,大规模使用的产品仍然比较少见,这一代网络结构采用无线通信模式,大规模地撒播具有简单数据处理和融合能力的传感器节点,无线自组织地实现网络间节点的相互通信,这就构成了第四代传感器网络,也就是我们所说的无线传感器网络。

　　鉴于 WSN 的巨大发展前景和应用价值,许多国家对无线传感器网络的发展状况重视程度极高,学术界也开始把无线传感器网络作为一个研究的重点。美国的一家基金会于 2003 年发布了一个无线传感器网络开发项目,投入大量资金来研究 WSN 的通信基础理论;美国国防部也把无线传感器网络列入了重点安防对象,提出了一个 WSN 感知计划,这个计划以战争中敌方情报的搜集感知能力以及信息的处理传输能力为重点,使人们看到了无线传感器网络在军事中有用武之地,鉴于此,美国国防部紧锣密鼓地开设了许多针对于军事的无线传感器网络研究项目;世界各国的通信、IT 等知名企业也积极投身于对无线传感器网络的研究及建立中,致力于无线传感器网络的商业化尽可能早日实现。

　　鉴于世界局势,我国也积极开展了对无线传感器网络的研究中国,使现代无线传感器网络的研发积极跟上世界潮流。我国关于无线传感器网络概念的提出要追溯到 1999 年中国科学院发布的"信息与自动化领域研究报告",该报告指出,无线传感器已经被列为信息与自动化五个最有影响力的项目之一。另外许多国内高校对无线传感器网络的研究也在积极地进行着。例如,中国科学院上海微系统研究所从 1998 年开始就一直在跟踪和致力于无线传感器网络的研究工作;另外国内的一些高校如清华大学、国防科技大学、北京邮电大学、西安电子科技大学、哈尔滨工业大学、复旦大学、中南大学等也对无线传感器网络做了深入研究,有的学校甚至已经做出了一定的成果。

　　目前,无论是国内还是国外,无线传感器网络都是热门研究话题,许多国家都将其纳入重点工程。在无线传感器网络中,传输层是至关重要的一个数据层,传感器节点之间的数据传输及可靠性保证均是由它来完成的,故在对整个无线传感器网络的研究工作中,重点是研究无线传感器网络传输层协议。

　　针对无线传感器网络高可靠性和低延迟特性,目前国内外已经提出了相当成熟的协议,针对传输层协议的有拥塞控制、可靠性保证和能量效率这三个性能指标,主要有 PFSQ(快取慢存)、CODE(拥塞发现和避免)、RMST(可靠多分段传输)等协议,这些协议能够达到一定的可靠性,但是由于协议本身存在的缺陷,只能适用于某一种或者某一类应用,不具有普遍性。

从总体上来说,目前无线传感器网络正处在一个快速成长时期,不论是国内还是国外,无线传感器网络均为一个热门话题,但限于无线传感器网络的成本、技术等原因,距离商业化仍有一段距离,随着时间的推移和科技的发展,无线传感器网络必将会取得重大突破。

1.4　无线传感器网络的应用领域

WSN 是由数量庞大的传感器节点以自组织的方式构成的,这些传感器节点具有感知、计算和通信能力,基于节点间的分工协作,能够监控、感知、收集网络分布区域内的各种环境或监控对象的数据,从而将经过相关处理的数据传递给远程控制终端和需要这些信息的用户。鉴于传感器网络中种种优点,使传感器网络具有非常广阔的应用前景,在军事、环境监测和预报、建筑物状态监测、复杂机械监控、健康护理、智能家居、城市交通以及机场、大型工业园区的安全监测等其应用领域均可得到广泛应用。

1. 军事领域

鉴于传感器网络具有快速部署、动态性、可兼容性、自组织性等优点,故能够充分满足作战需要。大量传感器节点可借助于飞机、炮弹或其他飞行器被散步在敌方阵地,这些节点以自组织的形式组建成网,实现战场信息的收集、传输、融合、处理,实现对敌军兵力和装备的监控、战场实时监视、目标定位等,以便及时调整我方战术及攻击重点。部署在敌方的无线传感器网络，不会因部分节点的破坏而降低网络性能，其他未受损坏的节点会再次自组织成新的网络，继续完成作战需要。在军事领域中，常用的无线传感器网络有智能微尘、战场环境侦察与监视系统、传感器组网系统。

（1）智能微尘（smart dust）

智能微尘是一个超微型传感器，具有计算机功能，由微处理器、无线电收发装置以及相关软件共同组成。在智能微尘系统中，相关无线传感器节点会被部署在目标区域内，其能够实现相互定位，完成数据的收集、处理、融合，之后将最终数据传送给基站。近些年来，无线传感节点的体积已经能够缩小到砂砾般大小，然而无线传感器节点所应当具备的感知能力、计算能力、通信能力相比之前反而更加强大，这些都是借助于电子信息技术和生产工艺技术的突飞猛进才得以实现的。相信，未来随着电子信息技术、能源技术的不断发展，智能微尘甚至能够在空中悬浮数小时甚至更久。仅仅依靠微型电池提供的能量，智能微尘就可以持续搜集、处理、发射信息长达数年之久。智能微尘的远程传感器芯片可以装在宣传品、子弹或炮弹中，及时追踪敌人的军事行动，在目标区域可以形成非常严密的的监视网络，对敌军兵力和装备进行监视。

（2）战场环境侦察与监视系统

和智能微尘比起来，该系统的智能化程度更高，能够为制定战斗行动方案提供更加详细和精确地数据情报，例如能够提供一些特殊地形地域的特种信息等。它具有的提供所需的情报服务能力，是基于"数字化路标"实现的。该系统由撒布型微传感器网络系统、机载和车载型侦察与探测设备等构成。

（3）传感器组网系统

美国海军也确立了"传感器组网系统"研究项目。传感器组网系统的重要组成部分为实时数据库管理系统。基于现有通信技术的水平上，该系统能够管理从战术级到战略级的传感器信息,只需借助于一台专用的商用便携机无需借助于其他专用设备即可完成管理工作。该系统的通信是在现有的带宽基础上进行的,且能够协调来自地面和空中监视传感器以及太空监视设备的信息。该系统可以部署到各级指挥单位中。

传感器网络已经成为军事 C4ISRT(Command,Control,Communication,Computing,Intelligence,Surveillance,Reconnaissance and Targeting)系统中非常重要的组成部分,军事发达国家均投入了大量的精力和物力以展开对其研究工作,其他国家也积极开展了对其的研究。

2. 智能家居领域

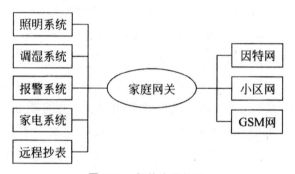

图 1-10　智能家居构成

现有智能家居是基于有线网络建立起来的,其中,布线这一任务繁重的工作占据了重要部分,且网络处理能力也无法得到人们的认可。鉴于传感器网络的种种优势,其完全可以应用到家居领域中。将传感器节点嵌入到家电和家具中,无需通过烦琐的布线借助于无线的形式即可与 Internet 建立连接,人们因此可以享受到更加舒适、方便和更具有人性化的智能家居环境。对家电的远程遥控可以借助于远程监控系统来实现。智能家居的发展得益于家庭网络技术在家庭内部的大力推广。智能家居系统是基于家庭网络实现的,实现家居智能化的前提条件就是,能够实时监控如水、电、气的供给系统等住宅内部的各种信息,在这些信息的基础上,采取一定的控制,能够远程控制房屋的如温度、湿度、有无燃气泄露、小偷入室等。图 1-10 为智能家居构成。

3. 环境监测领域

随着生活质量的不断提高，人们对其周围的环境要求越来越高，而环境科学又是多门学科的一个有机融合。在环境研究方面，传感器网络涉及土壤质量、家畜生长环境、农作物灌溉等诸多领域。

在无线传感器网络在环境监测领域中，传感器器节点能够实现对温湿度、光照度、降雨量等的监控，也可对环境中的一些突发情况进行预警，例如在监控森林环境中，有数量庞大的传感器节点分布在森林中，若某处发生火灾的话，传感器节点就会将收集到的数据尽快地传递给远程控制台，控制台就会按照预先设计的规则来判断出发生火灾的具体位置，为尽快开展火灾扑救工作打下基础。

此外，在研究动物的生活习性中，对动物活动的监控也可以借助于无线传感器网络来实现。

4. 医疗护理领域

在医疗研究、护理领域，也可以看到无线传感器网络的身影。在医疗护理领域中，无线传感器网络能够实时监测人体的各种生理数据，对医生和患者的行动、医药的药物管理等进行跟踪和监控。

基于无线传感器，罗彻斯特大学的科学家创建了一个智能医疗房间，对居住者的重要征兆（血压、脉搏和呼吸）、睡觉姿势以及一天 24 小时的活动状况借助于微尘来进行测量。鉴于无线传感器网络在医疗护理领域的可观应用前景，英特尔公司也推出了无线传感器网络的家庭护理技术。该技术是作为探讨应对老龄化社会的技术项目（Center for Aging Services Technologies，CAST）的一个环节开发的。在该系统，半导体传感器会被嵌入到鞋、家具以家用电器等家中道具和设备中,使一些不具备正常生活能力的人能够尽可能地过上正常的家庭生活。护理工作会因利用无线通信将各传感器联网可高效传递必要的信息而得以更有效地开展。人工视网膜是一项生物医学的应用项目。在(Smart Sensors and Integrated Microsystems,SSIM)计划中,替代视网膜的芯片由 100 个微型的传感器组成,并置入人眼,基于此失明者或视力极差者能够恢复到一个正常的视力水平。

5. 建筑物质量监控领域

对建筑物质量的监控也可以借助于传感器网络来实现,建筑物状态监控(Structure Health Monitoring,SHM)主要用于监测由于对建筑物的修补以及建筑物长时间使用出现的老化现象而导致的一些安全隐患,往往在建筑物中出现的类似于小裂缝等都有在日后造成重大灾难的可能性,而无线传感器网络系统可以及时发现这些情况并针对此类安全隐患采取相应措施。

目前在国内外很多大型桥梁上都应用了大量的无线传感器节点,桥梁上某个部位出了问题都可以及时查出并得以解决。

6. 其他应用领域

在其他应用领域也可以看到无线传感器网络的身影。工作人员可以基于无线传感器网络实现对如井矿、核电厂等一些危险的工业环境的安全监测。另外,也可以实现对车辆的监控。此外,在工业自动化生产线等诸多领域也可以应用无线传感器网络。英特尔曾对部署在一个工厂中的无线传感器网络进行测试,该网络由 40 台机器上的 210 个传感器节点构成,工厂的运作条件也因这样的监控系统的建立而得到有效改善。在由无线传感器网络建立的监控系统中,能够有效降低检查设备的成本,停机时间也会因问题被提前发现而得以有效缩短,无形之中延长了设备的使用时间,提高了机器的使用效率。在空间探索中也可以用到传感器网络。可以在航天器的帮助下,将一些特殊功能的传感器节点散播在需要监测的星球表面,NASA 的 JPL (Jet Propulsion Laboratory)实验室研制的 Sensor Webs 就是为火星探测进行技术准备,该系统的测试和完善已在佛罗里达宇航中心周围的环境监测项目中得以实现。

截止到目前,尽管无线传感器技术还有待进一步完善,但由于其种种优势,其非凡的应用价值已经显现出来,相信随着相关技术的发展和推进,会在更多的领域得到很好地应用。

1.5　无线传感器网络的研究热点

无线传感器网络作为当今信息领域的研究热点,其并不是一种单纯的某种技术,而是多学科的有效融合,尚有非常多的关键技术需要做进一步的发现和研究,下面重点介绍其研究热点。

1. 网络拓扑控制

无线传感器网络是一种自组织网络,网络拓扑控制是无线传感器网络的基础。在理想的网络拓扑控制中,可以提高路由协议和 MAC 协议的效率,为后期需要进行的数据融合、时间同步和目标定位等做准备,可以尽可能地降低节点能耗从而达到延长网络生命周期的目的。故网络拓扑控制的研究意义重大。

目前,传感器网络拓扑控制的研究重点集中在,使网络覆盖度和连通度得到满足的前提条件下,借助于功率控制算法和骨干网节点的综合选择,使无线通信链路达到最佳,使数据转发处于一个高效的网络拓扑结构中。进一步划分的话,拓扑控制可以分为节点功率控制和层次型的拓扑控制。不难理解,在节点功率控制中,就是在整个网络的连通度不受到影响的前提条件下,来调整每个节点的发送功率,尽可能地减少整个网络的能力消耗,使节点单跳可达的邻居数目得以均衡;截止到目前,相继提出了统一功率分配算法:COMPOW 等,基于节点度数的算法：LINT/LILT 和 LMN/LMA 等，基于邻近图的近似算法：CBTC、LMST、RNG、DRNG 和 DLSS 等。在层次型的拓扑控制中，引入了分簇机制，让一些节点会按照一定的算法被选举为簇头节点，由簇头节点形成一个处理并转发数据的骨干网，为了达到节省能量的目的，除簇头节点外其他节点暂时关闭通信模块进入休眠状态；截止到目前，已经提出了 TopDisc 成簇算法，改进的 GAF 虚拟地理网格分簇算法，以及 LEACH 和 HEED 等自组织成簇算法。

传统的功率控制和层次型拓扑控制仍无法满足人们对网络拓扑控制的需要，启发式的节点唤醒和休眠机制又相继被提出。在该机制中，在没有事件发生时，节点会将自己的通信模块设置为睡眠状态，而在有事件发生时，节点会及时自动醒来且能够唤醒邻居节点，使能够完成数据转发的拓扑结构得以迅速形成。可以看出，它其实是无法独立存在的，因为它仅解决了使节点在睡眠状态和活动状态之间的转换，故在实际过程中，要配合着其他拓扑控制算法来共同使用。

2.网络协议

由于目前电子技术和能源技术的局限性，传感器节点的计算能力、存储能力、通信能量以及携带的能量都无法被无限地挖掘，每个节点无法获取全部网络的拓扑信息只能获取局部网络的拓扑信息，故运行在节点上的网络协议要保证复杂度尽可能的低。同时，区别于传统计算机网络，传感器网络无论是拓扑结构还是网络资源都处于动态变化之中，这就要求传感器的网络协议比传统计算机的网络协议更高、功能更强大。各个独立的节点借助于传感器网络协议形成了一个多跳的数据传输网络，目前，网络层协议和数据链路层协议是重点研究对象。具体监测信息是如何传输的是由网络层的路由协议来决定的；数据链路层的介质访问控制能够实现底层基础结构的构造，使传感器节点的通信过程和工作模式处于最佳状态。

在无线传感器网络中,为了达到延长网络生命周期的目的,单个节点的能量消耗不再是路由协议关注的重点,而是整个网络能量的均衡消耗。同时,在路由协议中,无线传感器网络是以数据为中心的特点体现尤为明显,全网统一的编址不会在传感器网络中用到,无需根据节点的编制即可实现路径的选择,使更多的注意力集中在如何将感兴趣的数据建立数据源到汇聚节点之间的转发路径。目前,为了满足人们的需要,多种类型的传感器网络路由协议相继被人们提出,如多个能量感知的路由协议,定向扩散和谣传路由等基于查询的路由协议,GEAR 和 GEM 等基于地理位置的路由协议,SPEED 和 ReInForM 等支持 QoS 的路由协议。

在设计传感器网络的 MAC 协议时,节省能耗和可扩展性是需要重点考虑的,其次还需考虑公平性、利用率和实时性等其他因素。在 MAC 层,空闲侦听、接收不必要数据和碰撞重传等是导致能量浪费的主要原因。为了达到节省能耗的目的,“侦听/睡眠”交替的无线信道侦听机制在 MAC 协议中得以应用,传感器节点并不是一直侦听无线信道,仅仅是需要收发数据时从睡眠状态转入侦听状态。近些年来,相继提出了很多网络协议,S-MAC、T-MAC 和 Sift 等基于竞争的 MAC 协议,DEANA、TRAMA、DMAC 和周期性调度等时分复用的 MAC 协议,以及 CSMA/CA 与 CDMA 相结合、TDMA 和 FDMA 相结合的 MAC 协议。由于传感器网络是基于应用的,故导致网络协议要根据具体应用类型或应用目标环境特征来进行定制,从而导致一个协议只能在一个应用中使用。

3. 网络安全

如前所述,鉴于无线传感器网络是以数据为中心的,故在完成数据收集的同时,还要完成数据的传输、融合以及任务的协同控制等。无线传感器网络安全问题需要综合考虑如何保证任务执行的机密性、数据产生的可靠性、数据融合的高效性以及数据传输的安全性。

为了使任务的机密布置和任务执行结果的安全传递和融合得到保证,一些最基本的安全机制也是需要无线传感器网络需要实现的:机密性、点到点的消息认证、完整性鉴别、新鲜性、认证广播和安全管理。除此之外,在传统计算机网络中得到广泛应用的水印技术也在无线传感器网络安全中得到了很好的应用,这是为了确保数据融合后数据源信息的保留。

在安全研究方面,鉴于无线传感器网络和传统计算机网络存在的种种差异,导致适用于传统计算机网络的安全技术未必适用于无线传感器网络。首先,无论是计算能力、存储能力、还是能源的供给,无线传感器网络的单元节点与目前 Internet 的任何一种网络终端都无法相比,从而导致如何均衡计算性能和安全性能的问题也就在所难免,故可以看出,无线传感器网络安全的主要挑战是如何借助于更简单的算法建立尽量坚固的安全外壳;其次,鉴于软硬件和能源的十分有限性,需要在各种技术中寻找一个平衡点,尽可能地减少执行代码时的能量消耗这就需要尽可能地简化系统代码的数量,如安全路由技术等;另外,由于无线传感器网络任务的协作特性和路由的局部特性,安全耦合必然存在于节点之间,整个网络的安全必然会因单个节点的安全泄漏而受到影响,故在设计安全算法时,要尽可能地减小这种耦合性。

无论是在机密性、点到点的消息认证方面,还是完整性鉴别、新鲜性、认证广播方面,无线传感器网络 SPINS 安全框架均实现了完整有效的机制和算法的定义。安全管理方面目前以密钥预分布模型作为安全初始化和维护的主要机制,其中,随机密钥对模型、基于多项式的密钥对模型等为最常用的算法。

4. 时间同步

不是所有的传感器网络都比较注重时间同步机制的,只有需要协同工作才会考虑该机制。如测量移动车辆速度需要将不同传感器检测事件时间差计算出来,声源位置节点间时间同步的确定需要借助于波束阵列来确定下来。NTP协议是Internet上用的比较多的一种网络时间协议,但该协议无法用于自组织、网络拓扑结构处于动态变化的无线传感器网络中;尽管常用的GPS系统能够适应无普通无线网中,以纳秒级精度与世界标准时间UTC保持同步,然而在传感器网络中,该系统却无法适用,主要是由以下原因导致的:①需要有固定的高成本接收机做支撑;②GPS系统无法用于室内、森林或水下等有掩体的环境中,而无线传感器往往会部署在这些有掩体的环境中。

2002年8月,在HotNets-I国际会议上,无线传感器网络中的时间同步机制的研究课题被Jeremy Elson和Kay Romer首次提出并阐述,从而引起了人们对其的高度重视。此后,人们对时间同步机制展开了多个方面的研究,多种时间同步机制相继被提出,其中,三个基本的同步机制为RBS、TINY/MINI-SYNC和TPSN。

①RBS机制是基于接收者-接收者的时钟同步:一个节点广播时钟参考分组,在本地时钟的帮助下,广播域内的两个节点会将参考分组的到达时间分别记录下来,可以通过交换记录时间来实现它们之间的时钟同步。

②TINY/MINI-SYNC是简单的轻量级的同步机制:假设节点的时钟漂移遵循线性变化,从而导致两个节点之间的时间偏移也是线性的,这样一来,两个节点间的最优匹配偏移量可通过交换时标分组来进行估计。

③TPSN采用层次结构实现整个网络节点的时间同步:所有节点的逻辑分级是按照层次结构进行的,每个节点通过发送者-接收者的节点对方式能够与上一级的某个节点进行同步,从而实现了所有节点都与根节点的时间同步。

5.定位技术

在传感器节点采集数据中,只有具备位置信息的监测消息才有意义可言。无线传感器网络最基本的功能之一就是确定事件发生的位置或采集数据的节点位置。在完成布置后,传感器节点要拥有能够确定自身位置的能力,这样才能提供有效的位置信息。由于传感器节点具有能源十分有效性、冗余性、无人维护等特点,使得自组织性、健壮性、能量高效、分布式计算等要求均为定位机制需要满足的。传感器节点按照是否知道自己的节点位置分为信标节点和位置未知节点。信标节点的位置是已知的,位置未知节点若是想要获知自身位置的话,需要根据少数信标节点按照某种定位机制来实现。在传感器网络定位过程中,节点位置的确定可借助于三边测量法、三角测量法或极大似然估计法来实现。根据定位过程中是否实际测量节点间的距离或角度,传感器网络中的定位还可以进一步分为基于距离的定位和距离无关的定位。

基于距离的定位机制对未知节点位置的确定需要通过对相邻节点间的实际距离或方位来的测量来实现,具体需要通过以下三个步骤来实现测距、定位和修正。

根据测量节点间距离或方位时所采用的方法,基于距离的定位分为基于 TOA 的定位、基于 TDOA 的定位、基于 AOA 的定位、基于 RSSI 的定位等。在基于距离的定位机制中,需要测量节点间的距离或角度,故对定位精度提出了更高的要求,所以要求节点具备更高的软硬件技术水平。在距离无关的定位机制中,未知节点位置的确定没有必要实际测量节点间的绝对距离或方位,目前,常用的定位机制有质心算法、DV-Hop 算法、A-morphous 算法、APIT 算法等。在距离无关的定位机制中,和基于距离的定位机制比起来,由于不必实际测量节点间的绝对距离或方位,也就降低了对节点硬件的要求,可以看出该机制在大规模传感器网络中更加适用。虽然距离无关的定位机制的定位误差没有基于距离的定位机制误差小,但其定位精度足以满足多数传感器网络应用的要求,故在无需传感器网络中使用的比较多。

6. 数据融合

传感器网络具有能量的十分有限性。为了达到延长网络生命周期的目的,减少能量消耗,可以采取以下措施:由于有数量庞大的传感器节点密集地部署在目标区域内,收集起来的数据难免会有冗余,故可以借助于节点自身的本地计算和存储能力来对数据做融合处理,在满足应用需求的前提条件下,降低数据的冗余度,减少不必要的数据传输。数据融合除了能够降低数据的冗余度之外还可以提高信息的准确度,这是因为传感器节点具有易失效性,需要借助于数据融合技术来实现对多份数据的综合。

数据融合技术可以与传感器网络的多个协议层次进行结合。在应用层设计中,为了达到数据融合的目的,对采集到的数据可以利用分布式数据库技术来实现逐步筛选;在网络层中,为了降低数据的冗余度,有效减少数据的传输量,数据融合机制也被用于很多路由协议中;除此之外,独立于其他协议层的数据融合协议层也被相关研究人员提出,为了延长网络的生命周期,可以采取减少 MAC 层的发送冲突和能量开销的手段,同时也不会影响到时间性能和信息的完整性。目前,在目标跟踪、目标自动识别等领域,均已看到了数据融合技术的身影。

数据融合技术在节省能量、提高信息准确度的同时,也在无形之中增加了网络平均延迟,降低了网络鲁棒性。

①延迟的代价,在数据传送过程中寻找易于进行数据融合的路由、进行数据融合操作、为融合而等待其他数据的到来,无论是哪个环节都会增加网络的平均延迟。

②鲁棒性的代价,和传统网络比起来,传感器网络的节点失效率以及数据丢失率会更高,数据融合在降低数据冗余度的同时,也可能会因相同数据量的丢失而导致更多信息的损失,最终造成了网络鲁棒性的降低。

7. 数据管理

从数据存储的角度出发,传感器网络实际上就是一种分布式数据库。以数据库的方法在传感器网络中进行数据管理,可以有效分离存储在网络中的数据的逻辑视图与网络中的实现,使得传感器网络的用户无需关注于细节而将精力集中在数据查询的逻辑结构上。虽然执行效率会因对网络所存储的数据进行抽象会受到一定的影响,但传感器网络的易用性会有非常明显的提高。目前,使用最多的传感器网络数据管理系统为美国加州大学伯克利分校的 TinyDB 系统和 Cornell 大学的 Cougar 系统。

与传统的分布式数据库相比,传感器网络的数据管理还是非常有特点的。基于传感器节点的能量十分有效性及易失效性,数据管理系统在提供有效的数据服务的同时也要尽可能地降低能量消耗。同时,传感器网络中节点数量庞大,导致传感器节点会产生非常庞大的数据,想要通过传统的分布式数据库实现数据管理几乎是不可能的。另外,还有一点也导致了传统分布式数据库的数据管理技术无法适用于传感器网络中,即为对传感器网络数据的查询经常是连续的查询或随机抽样的查询。

目前,传感器网络的数据管理系统的结构主要有集中式、半分布式、分布式以及层次式结构,其中,半分布式结构是人们着重研究的。传感器网络中,数据的存储有三种实现方式,分别为网络外部存储、本地存储和以数据为中心的存储。和另外两种存储方式比起来,以数据为中心的存储方式在通信效率和能量消耗之间寻找到了一个平衡点。其中,一种常用的以数据为中心的数据存储方式为基于地理散列表的方法。

8. 无线通信技术

低功耗短距离的无线通信技术为无线传感器网络的主要支撑。针对低速无线个人域网络,人们提出了 IEEE 802.15.4 标准,其设计初衷是为人们提供低功耗、低成本的无线通信标准,目的在于为个人或者家庭范围内不同设备之间低速联网提供统一标准。鉴于 IEEE 802.15.4 标准的网络特征与无线传感器网络具有很高的相似度,故该标准在无线传感器网络中得到了广泛应用。

超宽带技术(UWB)是一种极具潜力的无线通信技术。可以考虑在无线传感器网络中使用超宽带技术,这是因为该技术具有对信道衰落不敏感、发射信号功率谱密度低、低截获能力、系统复杂度低、能提供数厘米的定位精度等优点。

9. 嵌入式操作系统

传感器节点是一个微型嵌入式系统,其硬件资源非常有限,需要操作系统在使用其有限的内存、处理器和通信模块尽可能少地消耗能量,且能够保证对各种特定应用所需的相关支持。借助于传感器节点的嵌入式操作系统,多个应用得以并发地、有机协调地使用系统的有限资源。传感器节点有以下两个显著特点。

①并发性密集,即多个逻辑控制可能会在同一时间来执行,这需要操作系统能够满足应用的并发性密集的需要;

②传感器节点模块化程度很高,需要基于嵌入式操作系统的应用程序能够很好地控制硬件,在尽量低能耗的情况下,使全部应用程序中的各个部分得以重新组合。

10. 应用层技术

为了满足应用的需求,会有多种任务部署在传感器网络中,具体来说就是部署在传感器网络应用层上。各种传感器网络应用系统的开发和多任务之间的协调都是部署在应用层上。

对传感器网络的应用层进行研究,就是为开展多种应用提供有效的软件开发环境和软件工具,在整个研究过程中,需要解决以下问题:传感器网络程序设计语言,传感器网络的数据结构设计,传感器网络程序设计方法学,传感器网络软件开发环境和工具,传感器网络软件测试工具的研究,面向应用的系统服务(如位置管理和服务发现等),基于感知数据的理解、决策和举动的理论与技术(如感知数据的决策理论、反馈理论、新的统计算法、模式识别和状态估计技术等)。

1.6 无线传感器网络与物联网

物联网是一种能够实现物与物之间广泛和普遍互连的新型网络,它与无线传感器网络密切相关。本节简要介绍物联网的概念,以及无线传感器网络与物联网之间的关联和差别。

1.6.1 物联网的概念

物联网(the Internet of Things)是当前国内外信息技术领域广泛关注和重视的一个新兴前沿研究热点领域。物联网概念的出现是信息技术与感知技术快速发展以及人们对于物理世界信息需求不断增长的自然结果。物联网的概念最初是 MIT Auto-ID 中心的 Ashton 教授 1999 年在研究射频识别(Radio Frequency Identification,RFID)技术时提出的,其描述为能够将物品通过 RFID 等识别设备与互联网相连、实现智能化识别和管理的一种网络。2005 年,国际电信联盟(International Telecommunications Union,ITU)发布的同名报告中,拓展了物联网的定义和范围,超越了 1999 年 Ashton 教授所指的范围,不再仅限于基于 RFID 技术的网络,而是泛指"物与物相连的互联网"。从该报告中可以看出,物联网包含以下两层含义:第一,传统互联网仍然是物联网的核心和发展的基石,互联网的延伸和扩展才会有物联网可言;第二,物联网的精髓是感知,物联网的不断发展将使其从当前"以无线传感器网络为基础的感知"延伸和扩展到"实现物理世界任何物体之间的通信和交互"。时至今日,物联网时代已经来到我们身边,信息与通信技术的发展已经进入了一个全新阶段,即从任何时间、任何地点连接任何人,过渡到了连接任何人和任何物体的阶段。2009 年,欧盟委员会发布了欧洲物联网发展行动计划,力图确保欧盟在构建新型信息网络的过程中起主导作用,并指出以下三方面特性是物联网需要具备的:第一,不能仅仅将物联网看作是互联网的简单延伸;第二,物联网将伴随新的感知业务的发展而不断发展;第三,物联网将包括人与物通信、物与物通信、机器与机器通信等多种不同的通信模式和应用模式。

目前,物联网的概念还没有一个准确且公认的定义。但从物联网应具有的特性来看,物联网可以概括为是由具有标识、感知和智能处理能力的物理实体(物体)利用各种有线或无线通信技术,在互联网或其他现有通信网络基础上构建的、覆盖世界上万事万物的一种分布广泛的网络。其致力于物与物、物与人、所有物体与网络之间的连接,使人们能够享受到便捷、高效的服务。物联网是在感知、标识、接入网、互联网、云计算、无线传感器网络和智能处理等已有技术基础上的集成和发展。物联网技术的突破将对实现人与自然的和谐相处非常有帮助,引发人们工作和生活方式的重大变革,必将对人类社会的发展产生巨大的影响。

物联网与传统互联网联系紧密。但是,与互联网相比,物联网也有其鲜明的特征。首先,物联网是互联网的拓展与延伸,其有效融合了各种感知技术、通信技术、信息处理技术。在物联网上,有数量庞大、类型繁多、功能各不相同的传感器,且这些传感器之间有自动组网、协同异构组网以及虚拟组网等需求,因此在标识、编码、协议、接口和节能等方面都提出的要求均与对互联网的要求有很大差异。其次,物联网是一种基于传统互联网、移动通信网络等信息基础网络设施之上的信息感知与智能处理的网络,既需要与互联网融合发展,又对互联网提出了新的要求。

物联网上部署的海量传感器实现了对种类繁多、数量庞大的数据信息的采集,于是就形成了海量信息。在整个传输过程中,为了使不同物联网应用对数据传输正确性、及时性和实时性的不同需求得到保障,物联网必须支持各种异构网络和协议。因此,相对互联网来说,物联网在信息传输的安全和优化、服务等级区分或服务质量保障等方面也提出了更高的要求。最后,人们对物联网不单单要求其能够建立传感器之间的连接,为了能够实现对物体的智能控制和关系,还要求物联网具备智能处理的能力。因此,物联网需要依托互联网解决海量信息的处理和应用服务的组建;利用信息数据的知识表达、分布式存储、关联检索、情景感知和智能交互(控制)等信息融合处理技术,并基于面向服务的架构(Service Oriented Architecture,SOA)、安全可信的应用服务软件支撑技术以及云计算、模式识别等各种智能处理技术;对从传感器收集而来的海量信息进行分析、加工和处理,从而挖掘出有效信息,使不同用户的相关需求得以有效满足,此外,借助于这些数据还可以发现新的应用领域和应用模式。

1.6.2　无线传感器网络与物联网之间的差异

从上述内容可知,无线传感器网络实际上就是为了满足信息感知和数据采集的需要而存在的,故其为物联网的重要组成部分,满足了物联网对相关数据的需要。正是基于无线传感器网络,物联网才能够将物理世界的详尽、准确、大量的相关数据收集起来,为实现人与物、物与物之间的通信打下坚实基础,在此基础上才有相关物联网应用、服务可言。

截止到目前,人们往往把无线传感器网络和物联网混为一谈,认为物联网就是无线传感器网络,很明显,这是不对的。无线传感器网络与物联网之间最根本的差异体现在,无线传感器网络基于传感器节点借助于相关协议,实现了如何将感知到的数据最有效地传递给需要这些数据的用户。而物联网不仅囊括了整个无线传感器网络技术,而且还涉及海量感知信息的传输、存储、提取、分析、处理以及相应的管理和控制等。在物联网中,来自于从不同无线传感器网络获取的数据为了达到其目的地,极有可能需要跨越多个异构通信网络才可以。故可以看出,物联网包括了无线传感器网络,它们之间并不是相等关系。

以下几个方面有效体现了无线传感器网络与物联网之间的差异。

1. 内涵

大量传感器节点共同构成了无线传感器网络,传感器节点的部署是以"任何地点、任何时间、任何人、任何物"的形式进行。无线传感器网络实现了对物理世界的感知,这是通过实现物理世界相关数据的收集来实现的,从本质上来看就是实现了人与物、人与自然的连接与交互。有了无线传感器网络和互联网的高效、科学融合才有物联网的存在。物联网可以说是虚拟信息世界与真实世界连接的桥梁,实现的是物与物、人与物、人与自然之间的对话与交互。

为了满足应用的需要,物联网可能会囊括数量庞大、种类繁多的异构无线传感器网络,那么需要处理以下问题:异构网络之间的协同组网、标识、编码、协议或接口、节能等。

2. 体系架构

从技术的角度出发,在网络架构上,物联网是由感知层、网络层和应用层组成的。底层是感知层,由各种传感器和传感器网关组成,致力于包括设备对自身标识(标签)、自身状态、周围环境和感知目标等相关信息的感知和控制,除此之外,设备之间的协同感知和局部感知信息的处理也是需要由该层来完成的。为了完成对信息数据的感知和收集,感知层往往需要借助于新型信息获取和识别技术。鉴于无线传感器网络能够完成物理信息的感知、收集和处理,故物联网感知层的任务是由无线传感器网络来完成的。仅仅由无线传感器网络做支撑是远远不够的，感知层还需要具备处理异构无线传感器网络的能力，从无论是数量还是种类量都比较大的无线传感器网络中实现相关数据的收集、处理，以获得立体、丰富的感知数据。

中间层是网络层，由现有移动通讯网、无线接入网、其他专用或骨干网络以及互联网等连接在一起构成，其功能主要是实现支持异构、安全、可靠的无缝接入。

上层是应用层，网络层所提供的服务是其基础，借助于如虚拟存储、云计算和智能决策、分布式、自治的网络管理等相关技术，满足不同行业的多种多样的应用服务需求。

从以上内容可以看出，从物联网体系架构的角度来看，无线传感器网络能够为物联网提供海量信息的感知和收集，故其仅是物联网感知层的组成部分。

3. 所处发展阶段

物联网和无线传感器网络的发展各自定位也不相同。无线传感器网络是物联网的组成部分和初级阶段，物联网是无线传感器网络泛化发展的高级阶段，而无线传感器网络与如移动通信网、互联网等其他网络的协同融合是物联网发展必须要经过的一个阶段。一般认为，物联网的发展大致需要经历独立的无线传感器网络、无线传感器网络泛在化和物联网融合深化发展三个阶段，最终形成一个融合无线传感器网络、互联网、移动蜂窝网等现有主要通信网络的全面感知高度智能网络。

尽管无线传感器网络和物联网概念不同，侧重点也有所差异，但从发展的角度来看，无线传感器网络是物联网发展的必经阶段，物联网是无线传感器网络泛在化发展与互联网融合的最终产物。

参考文献

[1]郑军,张宝贤.无线传感器网络技术[M].北京:机械工业出版社,2012.

[2]孙利民等.无线传感器网络[M].北京:清华大学出版社,2005.

[3]刘伟荣,何云.物联网与无线传感器网络[M].北京:电子工业出版社,2013.

[4]陈伊卿.无线传感器网络时间同步算法研究[D].西安:西安电子科技大学,2011.

[5]王永青.大规模无线传感器网络数据查询算法研究[D].西安:西安电子科技大学,2010.

[6]蔡晓艳,司小平,蒋华勤.无线传感器网络节点设计综述[J].中国科技信息,2010(23).

[7]黄晓,程宏兵.基于自适应的无线传感器网络路由机制研究[J].南京邮电大学学报(自然科学版),2011(05).

[8]王健明.基于数据融合的无线传感器网络中高效传输技术研究[D].南京:南京邮电大学,2013.

[9]林新霞,郭建辉.传感器技术发展与前景展望[J].工业仪表与自动化装置,2011(02).

[10]张慧.无线传感器网络泛洪时间同步的分析与研究[D].呼和浩特:内蒙古大学,2014.

[11]刘大伟.无线传感器网络基于点对点加密的安全数据融合方案[D].南京:南京邮电大学,2013.

第 2 章　无线传感器网络的相关通信协议

在无线传感器网络中涉及很多通信协议,下面重点介绍无线传感器网络的 MAC 协议、无线传感器网络的路由协议、无线传感器网络的组播路由协议、无线传感器网络的典型传输协议和无线传感器网络的协议标准。

2.1　无线传感器网络的 MAC 协议

由于无线信道的广播特性,无线网络中任一节点发送的无线信号都可能被其通信范围的节点接收到。当局部空间范围内有两个以上的节点同时发送时,就有可能在接收节点处发生信号叠加,造成冲突,最终导致接收节点无法正确接收到发送的信息。所以,有效协调多个节点共享信道资源,避免冲突发生是无线网络不得不面对的重要问题,直接影响着无线资源的使用效率、网络吞吐和时延等重要性能。媒质接入控制(MAC)协议,又称为多址接入协议,就是为解决此问题而引入的无线发送控制规程。

从通信的层面来看,无线传感器网络是一种面向特殊应用的自组网。所以,无线传感器网络的 MAC 协议设计既存在着自组网中的共性问题,如支持节点间的多跳通信,单个节点的通信、存储及处理能力比较弱,没有基站、接入点(AP)之类的基础设施可以从全局上进行信道资源的分配与协调;同时,又具有自身的特殊需求,如节点能量受限、网络负载较低以及数据流向相对固定等。无线传感器网络的特殊性,使 MAC 协议设计面临新的挑战,有必要针对无线传感器网络的特点,研究、设计适合无线传感器网络的 MAC 协议。

2.1.1　MAC 协议设计的影响因素

与自组网 MAC 协议设计比起来,无线传感器网络的 MAC 协议设计面临着新的挑战,以下几方面因素是需要重点考虑的。

1. 节点自身约束

(1)节点能量的十分有限性

传感器节点的能量支撑是储存大小非常有效的干电池、纽扣电池,且在整个无线传感器网络中,传感器节点数量非常庞大或者是无人为传感器节点来做能量补充的缘故等,使得无线传感器网络的整个生命周期受到影响。所以,降低能耗可以说是无线传感器网络 MAC 协议设计的关键所在,要在用户的需求能够满足的情况下,尽可能地延长网络的生命周期。

(2)节点的处理和存储能力受限

局限于体积和成本的约束,无线传感器节点的处理和存储能力有限,如试验节点 Mica 的 CPU 工作时钟为 4MHz,片内程序空间只有 128KB[①]。这就需要在对 MAC 协议进行设计时,在相关功能能够实现的前提条件下使相关程序代码尽可能地小,使计算和存储量得以尽可能地减小,也就是说传感器节点支持复杂的控制机制较为困难。

2. 业务特性分析

(1)与应用相关的特殊业务

无线传感器网络主要面向数据监测这类特殊应用,使其业务特性与传统自组网差别非常明显,可以归纳为以下方面:

---

① 于宏毅,李鸥,张效义.无线传感器网络理论、技术与实现[M].北京:国防工业出版社,2010:85.

①业务类型相对单一,业务量较小。和传统计算机网络比起来,无线传感器网络业务类型比较单一,主要用于信息获取。此外,物理事件监测是应用层业务的来源,监测数据的时间抽样率往往处于较低水平,和通信网络的传输带宽比起来产生的业务量比较有限。不难看出,应用层的业务无论是对带宽利用率还是对网络吞吐等相关性能的要求都不是特别高。

②业务流向有规律可循。无论是什么类型的无线传感器网络,无一例外信息获取即为其根本目标,故应用层的业务类型大致可以分为以下三类,即 sink 向传感器节点分配任务、查询数据的业务,传感器节点向 sink 报告监测数据的业务,以及传感器节点之间协作处理监测数据的业务。可以看出,前两类业务共同构成了 sink 与传感器节点之间的业务流,其方向性十分显著。相比之下,传统网络中点对点的业务模式在传感器节点之间协作处理的业务有了很好的体现,同样方向性不够清晰。但是,前两种有向性业务为常用的传感器网络应用,有的场合下存在且仅存在这两种业务,为了使网络的整体性能得到有效提高,MAC 协议运行机制的简化可在最大程度地利用这些业务流向特点的基础上得以实现。

③业务分布在时间和空间上的不同特性。决定了业务具有明显不同的时间和空间特性为周期报告和事件触发,这两类为无线传感器网络的典型应用。在某些其他应用下,上述两种特征可能在网络的业务中都有所体现。故需要针对网络的这种业务特点来开展 MAC 协议的设计工作,在完成空间和时间的综合考虑后来实现无线资源的调度,在尽可能延长网络生命周期的同时,使信道利用率得到有效提高。

(2)上层控制业务

除了应用层产生的业务之外,网络管理以及路由层的控制分组也都是 MAC 层所承载的业务,这类业务的产生是由具体的网络管理规程和路由协议所决定的,类似于传统网络中的相应业务,其业务分布及流向等很难归纳出一些显著特征。因此,在考虑无线传感器网络业务特殊性的同时,必须确保 MAC 协议的一些机制能够完全支持网络管理以及路由层的控制分组业务,毕竟这些网络管理以及路由层的控制分组是保证网络正常工作的必要前提。

3. 适应性

在无线传感器网络中,传感器节点往往会因为能量耗尽而失效以及添加新的节点使得网络的拓扑结构不得不面对需要调整的局面,有些信道资源的有效分配方案可以看成是图论中的点着色或边着色问题,具体节点的信道分配方案会因节点间相邻位置发生改变而需要发生变化。故这种局部拓扑的动态性也是在设计无线传感器网络的 MAC 协议时,需要考虑在内的。此外,无线传感器网络的显著特点为大规模密集布设,为了使监测精度得到保证,在对 MAC 协议进行设计的过程中,也需要充分考虑局部业务密集条件下能够满足可扩展性的需要。

2.1.2　无线传感器 MAC 协议的分类

MAC 协议的主要作用是协调多个节点对共享媒体或信道的访问,从而尽可能地避免不同节点所发送数据之间的冲突,使有限的信道带宽资源得以公平、高效地利用。无线传感器网络 MAC 协议按照所采用的基本控制机制的区别可以进一步分为竞争型 MAC 协议和非竞争型 MAC 协议。在这两种类型的基础上,也出现了一些混合型 MAC 协议。

1. 竞争型 MAC 协议

基于竞争的随机访问 MAC 协议采用按需使用信道的方式。在该协议中,当节点需要发送数据时,对信道的使用便通过竞争方式来进行的。在实际环境中,多个节点同时发送数据时难免也有冲突,此时节点可按照预先设置的规则来重传数据,持续到数据发送成功或放弃。

在传统无线网络中,最经典的竞争型 MAC 协议为 ALO-HA(Additive Link On-Line Hawaii System)和载波侦听多路访问(Carrier Sense Multiple Access,CSMA)。纯 ALOHA(Pure ALOHA)和时隙 ALOHA(Slotted ALOHA)等多种类型均包含在 ALOHA 协议内。在纯 ALOHA 协议中,当节点有数据需要发送时,直接向信道发送数据分组。若发生冲突时,各节点会重发发生冲突的数据分组。但在重传策略上,各节点重发数据要等待一段随机的时间之后再进行而不是马上进行,这是因为马上重发的话必然会继续造成冲突。如果在重发的过程中还发生了冲突,则重发需要再等待一段随机的时间进行,一直持续到发送成功为止。在时隙 ALOHA 协议中,将时间划分成一系列固定长度的时隙,各节点若想要发送数据只能在每个时隙开始时才能进行。显然,纯 ALOHA 实现简单,但其信道利用率比较低,仅有 10% 左右。相对而言,信道利用率在时隙 ALOHA 至少提高一倍。但是,它要求在各节点之间实现时间同步,这将使系统实现的复杂性在很大程度上得以提高。

CSMA 协议立足于 ALOHA 协议之上。为了提供载波侦听功能,CSMA 使用了一个载波侦听装置,这点也体现了与 ALOHA 协议的主要区别。采用 CSMA 协议时,各节点在发送数据之前将先对共享信道进行侦听,然后根据信道的忙闲状态再决定是否进行发送,而不是简单地直接发送或在时隙开始时发送。CSMA 协议有包括非坚持型、1-坚持型和 p-坚持型等多种类型。在非坚持 CSMA 协议中,一旦侦听到信道忙或发现其他节点在发送数据时,节点就会终止侦听,而是根据相关机制延迟一段随机的时间重新再侦听。若侦听时发现信道空闲,则将数据发送出去。

由于采用了载波侦听技术,使各节点发送数据的盲目性在一定程度上得以减少,从而使信道的利用率和整个网络的吞吐量得到了一定程度的提高。然而,非坚持 CSMA 协议中,若信道忙被节点监听到的话,节点再重新侦听会在迅速延迟一段随机时间后进行,这点为该通信协议的明显缺点。而在实际应用中,空闲状态是肯定会在信道在节点上次侦听和下次侦听期间出现的。因此,信道状态的变化可能无法被非坚持 CSMA 协议及时注意到,信道利用率的提高也会因此而受到影响。鉴于此,可以采用坚持 CSMA 协议。

在坚持 CSMA 协议中,节点不会因侦听到信道忙就停止监听,而是会一直监听,直到监听到信道空闲为止。在侦听到信道空闲后,节点可以采用两种策略实现数据的发送。①以概率 1 立即发送数据,称为 1-坚持 CSMA。该策略的优势体现在能够充分抓紧时间来发送数据。若信道同时被两个或多个节点侦听的话,则一旦监听到该信道处于空闲状态,这些节点就会迅速发送数据,这样就难免会造成数据冲突,使吞吐量的提高受到一定的影响。该问题可在第二种策略得到很好地解决。②即当信道空闲时,各节点发送数据是以概率 p 进行的,而一段时间的延迟是以概率$(1-p)$进行的,再重新侦听信道,这种策略称之为 p-坚持 CSMA。在实现以概率 p 发送数据时,可以选择一个 $0\sim1$ 之间的随机数 i。若 $i<p$,则发送数据,否则对信道的重新侦听可在延迟一段时间 τ 后进行。这里,概率 p 的值不是随机产生的而是事先设定的。为了提高信道的利用率,在 p-坚持 CS-MA 协议中,不同 p 值的设定可以根据信道上通信量的多少来进行。另外,节点间的传播时延也因网络中各节点间的距离不同而存在一定差异。为了简单起见,可以统一使用位于网络两端的节点间的传播时延作为延迟时间 τ 的值,这也意味着网络中最坏的延时情况也在协议中得以充分考虑。

在 CSMA 协议中,虽然数据冲突发生的机会可借助于载波侦听得以有效减少,但由于无法避免传播时延,网络中数据冲突仍是无法从根本上避免的,这样就会影响到信道的利用率。为此,基于 CSMA 协议,将冲突检测(Collision Detection)功能添加进去,使带有冲突检测的载波侦听多路访问(Carrier Sense

Multiple Access with Collision Detection,CSMA/CD)协议得以顺利形成。CSMA/CD 协议的基本思想是当节点侦听到信道空闲时就发送数据,同时继续侦听下去。若侦听到发生冲突,则立即放弃当前数据的发送。这样可以使信道很快地空闲下来,从而提高信道的利用率。以太网为 CSMA/CD 协议的主要应用场所,如 IEEE 802.3 标准的 MAC 协议就采用了 CSMA/CD 协议。但在无线网络中,还有一定的问题存在于冲突的监测中,这是由于检测冲突要求节点在接收无线信号的同时也能够发送无线信号,无形之中增加了节点成本,从而增加了在许多无线系统中实现的难度。而且,隐终端问题(Hidden-Terminal Problem)存在于多跳的无线网络中,从而局限了 CSMA 和 CSMA/CD 协议的应用。

鉴于以上问题,带有冲突避免的载波侦听多路访问(Carrier Sense Multiple Access with Collision Avoidance,CSMA/CA)协议在多跳的无线网络中得以应用,如 IEEE 802.11 标准的 MAC 协议就采用了 CSMA/CA 协议,在无线传感器网络中也可使用该协议。在 CSMA/CA 协议中,为了使冲突得以避免,一种握手(Hand Shake)机制在发送端和接收端得以引入,从而达到了避免冲突的目的。发送端在传输数据之前,会先将一个请求发送报文(Request-To-Send,RTS)发送给接收端,在收到来自于接收端回应允许发送报文(Clear-To-Send,CTS)后,再开始传送数据。收发双方的相邻节点借助于这么一个握手过程对信道上即将进行的数据传送可以有一个充分的了解,这样的话就可以有效避免冲突的发生。在这种情况下,冲突将集中发生在 RTS 报文上,从而有效避免了数据冲突的发生。而且,由于 RTS 和 CTS 报文都非常小,不会对无线传感器网络增加过多的额外开销。为了提高 CSMA/CA 协议的性能,提出了一种带冲突避免的多路接入协议(Multiple Access with Collision Avoidance,MACA)。这种协议在 RTS 和 CTS 报文中增加了一个附加的域,用来指示所需传送的数据量,从而使其他节点能够了解所需退避的时间。研究人员还提出了无线 MACA(MA-CAW)协议,进一步提高了 MACA 协议的性能。IEEE 802.11 标准的分布式协调功能(Distributed Coordination Function, DCF)主要建立在 MACAW 基础上,并具有 CDMA/CA、MACA 和 MACAW 等协议的所有特征。

综上所述,CSMA/CA 是比较适合在无线传感器网络中使用的一种基本竞争型 MAC 协议。在 CSMA/CA 的基础上,研究人员设计了多种适合无线传感器网络应用的竞争型 MAC 协议,如 S-MAC、T-MAC、WiseMAC、Sift 协议等。

2. 非竞争型 MAC 协议

非竞争型 MAC 协议采用固定使用信道的方式,其基本思想是将共享信道根据时间、频率或伪噪声码划分成一组子信道,并将这些子信道分配给各节点,使得每一个节点拥有一个专用的子信道,用于数据的发送。这样,不同的节点就可以在相互不干扰的情况下实现对共享信道的访问,从而有效地避免不同节点之间的数据冲突。

在传统的无线网络中,最典型的非竞争型 MAC 协议有时分多路接入(Time Division Multiple Access,TDMA)、频分多路接入(Frequent Division Multiple Access,FDMA)和码分多路接入(Code Division Multiple Access,CDMA)协议。TDMA 协议将共享信道划分成一组固定的时隙,并将这些时隙组织成周期性重复的帧。同时,为每一个节点分配一个时隙,且只允许各节点在每一帧分配给自己的时隙中发送数据。TDMA 协议已在无线蜂窝系统中得到广泛使用。在典型的蜂窝系统中,各蜂窝小区内的基站为每个移动终端分配时隙,并提供时间同步信息。各移动终端只与基站进行通信,而相互之间无需直接进行通信。TDMA 协议的主要优点是具有较高的能量效率,因为移动终端在不发送数据时可以关闭相应的发送器等部件。然而,与其他 MAC 协议比起来,TDMA 协议也具有一些局限性。

例如,它通常要求网络中的节点组织成类似于蜂窝通信系统中蜂窝的簇的形式,因此在可扩展性和适应性方面受到一定限制。而且,它要求各节点之间严格的时间同步,这将增加网络实现的复杂性。

FDMA 协议将共享信道的频谱划分成许多无重叠的子频带,并将这些子频带分配给各节点。各节点可以在任何时刻发送数据,但只能在所分配的频率上发送,以避免相互之间发生干扰。FDMA 协议最主要的优点是实现简单。但是,它要求在两个相邻的子频带之间留有一定的保护频带,以避免相互之间发生干扰,因为发送器不可能将其发送的全部功率集中在其主带内。这些保护频带将浪费相当大的带宽。而且,发送器必须非常准确地控制其发送功率,如果发送器在其主带内输出的功率太大,其边带内的输出功率和也会比较大,这样的话就无法避免对相邻的信道产生干扰。

CDMA 协议采用正交伪随机码划分共享信道,所有节点可以在同一个信道内同时发送数据,但使用不同的伪随机码。CDMA 系统的主要优点是抗干扰能力强,系统容量较大,终端可以采取较低的发射功率。缺点是终端设计复杂,同步精度要求高。

无线传感器网络一般也可以采用上述非竞争型 MAC 协议。但总体而言,TDMA 是目前无线传感器网络 MAC 协议中采用比较多的一种基本非竞争型 MAC 协议。在 TDMA 的基础上,研究人员设计了多种适合无线传感器网络应用的非竞争型 MAC 协议,如 DEANE、SMACS、DE-MAC、TRAMA 协议等。

3. 混合型 MAC 协议

混合型 MAC 协议通常针对无线传感器网络的特征以及一些应用的具体要求,将竞争型和非竞争型 MAC 协议有效地进行结合,以减小节点间的数据冲突,同时提高网络的传输性能。

2.2　无线传感器网络的路由协议

2.2.1　无线传感器网络的路由协议简介

无线传感器自组网中的一个核心环节就是设计无线传感器网络(WSN)的路由协议,将数据分组从源节点通过网络转发到目的节点就是借助于路由协议实现的,其功能主要包括以下两个:寻找源节点和目的节点间的优化路径、并沿此优化路径正确转发数据包。提供高服务质量和公平高效地利用网络带宽为Ad hoc、无线局域网等传统无线网络的首要目标,这些网络路由协议的主要任务是寻找源节点到目的节点间的通信延迟小的路径,同时提高整个网络的利用率,避免产生通信堵塞的同时使网络流量处于一个均衡水平,可以看出,此类网络的重点不是能量消耗。

和传统 Ad hoc 网络路由协议比起来,WSN 路由协议有其固有的特点。在 WSN 中,鉴于构成无线传感器网络的传感器节点能量有限且无法进行补充的问题,因此节约能源为路由协议的主要目标,从而有效延长网络的生命周期。传感器节点数量较大,无法实现全局地址的建立,节点获取的只能是局部拓扑结构信息,路由协议要求能在局部网络信息的基础上将合适的路径选择出来。传感器网络具有很强的应用相关性非常强,故不会有一个通用的路由协议存在于全部应用中。传感器网络以数据为中心,其关注重点不是具体哪个节点获取的信息而是监测区域的感知数据,因此,多个传感器节点到少数汇聚节点的数据流会包含在传感器网络中,消息的转发路径将会以数据为中心得以形成。鉴于节点间的数据冗余处于较高水平,传感器网络的路由机制需要与数据融合技术配合使用,要求路由协议具有良好的数据汇聚能力,通过通信量的减少而降低能量的消耗。在多数应用中,大多数节点在部署后会保持固定。

因此,在 WSN 环境中,常规路由协议不再适用,以下几点体现了 WSN 路由协议的设计中存在的一些新的问题。

①节点没有统一的标志。由于 WSN 中节点数量庞大,WSN 节点没有统一的标志,节点间的数据交换是采用广播式的通信方式进行的。

②能量受限。WSN 的一个重要特征就是能量受限。因此,WSN 协议的设计要尽可能地节约能源,与此同时,还要延长网络生命周期。

③面向特定应用。在 WSN 中,传感器节点和物理环境交互密切,满足每个特定应用是 WSN 的通信构架及其所采用路由协议设计的出发点。

④频繁变化的拓扑结构。在 WSN 中,人们几乎不会对传感器节点进行维护,故一旦出现节点损坏的情况,网络拓扑要随之发生变化。WSN 频繁变化的拓扑结构是路由协议必要适应的。

⑤容错性。传感器节点容易失效,因此为了使新的链路得以形成,路由协议必须具备良好的容错性。

⑥可扩展性。传感器节点数量非常庞大,为了适应相应的应用环境需要路由协议具有可扩展性。

⑦连通性。由于网络节点失效,很难预测网络拓扑和大小的变化,故节点的连通性是路由协议必须保证的。

⑧数据融合。传感器节点产生的数据冗余度处于较高水平,因此数据融合功能是路由协议必须具备的,以便节省不必要的能量消耗和使数据传输最优化。

⑨服务质量(QoS)。如视频应用等许多应用中,需要路由协议提供满足应用要求的服务质量。

⑩安全机制。路由协议易受到安全威胁,因此安全机制是必须要考虑在内的,特别是在对安全要求比较高的军事应用中。

针对 WSN 路由机制的上述特点,在具体应用时,传感器网络路由机制需要满足以下要求。

①能量高效。传感器网络路由协议不仅要选择能量消耗小的消息传输路径,且要立足于整个网络进行考虑,能使整个网络能量均衡消耗的路由为理想选择。鉴于传感器节点的资源十分有限性,传感器的路由机制在实现信息传输方面要尽可能地简单且高效。衡量传感器网络路由性能的一个重要指标,网络中各个传感器网络节点的有限能量能够被路由机制合理地使用,使得网络保持连通性的时间更长。

②可扩展。在 WSN 中,检测区域范围或节点密度的差异,都会使网络规模大小有着明显的差别;节点失效、新节点加入以及节点移动等,都要求网络拓扑结构会发生动态,故为了更好地适应网络结构的变化,要求路由机制具有可扩展性。

③具有鲁棒性。能量耗尽或环境因素导致的传感器网络节点的失败,周围环境影响无线链路的通信质量以及无线链路本身的缺点等,这些 WSN 的不可靠特性要求路由机制具有鲁棒性。

④快速收敛性。传感器网络的拓扑结构动态变化,节点能量和通信带宽等资源有限,为了适应网络拓扑的动态变化,减少通信协议开销,最终达到提高消息传输效率的目的,要求路由机制能够迅速收敛。

2.2.2　典型无线传感器网络路由协议

鉴于无线传感器网络的资源有限性和应用相关度处于较高水平,故对路由协议的设计,研究人员采用了多种策略,例如,鉴于传感器节点资源的十分有限性,设计的首要宗旨为高效利用能量;针对包头开销大、通信耗能、节点有合作关系、数据有相关性、节点能量有限等特点,故数据融合、过滤等技术会被用到;针对流量特征、通信耗能等特点,采用通信量负载平衡技术;针对网络相对封闭、无需具备计算功能等特点,与其他网络互联仅发生在汇聚节点处;针对网络节点不常编址的特点,基于数据或基于位置的通信机制会被用到;针对节点易失效的特点,采用多路径机制。下面重点介绍三种典型的无线传感器网络路由协议。

1. Flooding 与 Gossiping 路由协议

在传统网络中,最为经典和简单的路由协议为 Flooding 和 Gossiping 两个路由协议,它们立足于洪泛机制路由协议,可以应用于无线传感器网络。

(1)Flooding 路由协议

Flooding 路由协议实现起来几乎没有任何难度,在无需维护网络拓扑结构的同时也不用计算相关路由,节点产生或收到数据后向所有邻节点广播,数据包直到过期(无线传感器网络中数据包的生命周期 TTL 一般预先设定为这个数据包所转发的最大跳数或者是数据包允许在网络中生存的最长时间)或到达目的地才停止传播。例如,在图 2-1 中,假设源节点 B 需要将数据包 p 发送至汇聚节点 G,节点 B 首先将 p 的副本广播,则 p 副本达到其邻居节点 A、D、E 后,直接将 p 副本通过广播的形式转发(除去节点 B),以此类推,直到 p 到达节点 G 或到该数据包所设定的生命周期过期为止。

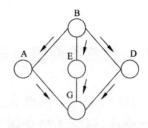

图 2-1 Flooding 路由协议

Flooding 路由协议的缺陷体现在以下三个方面。

①信息内爆(Implosion)。节点从邻居节点收到多份相同的数据包。如图 2-1 所示,节点 G 在接收到节点 E 转发过来的数据包副本之后,又会接收到节点 A 和节点 D 转发过来的数据

包副本,这样的话就会有同一个数据包在节点 G 中出现三份副本的情况。

②部分重叠(overlap)现象。同一区域的多个节点发送的相同数据包会被一个节点收到,这些节点所接收到的数据包副本也具有较大的相关性。

③网络资源利用不合理。每个节点做的仅仅是单纯地将接收到的数据广播出去,网络中节点能量消耗的问题并未考虑在内,不能发现下一跳节点的可行性,从而不具备自适应性,造成网络资源浪费。

(2)Gossiping 路由协议

Gossiping 路由协议有效改进了 Flooding 路由协议,当数据包被传递给节点后,会将数据包广播给全部邻居节点,这点区别于 Flooding 协议,将数据包按照一定的概率随机地转发给邻居节点中不同于发送节点的某一个节点,按照以上方式这个节点再向其相邻节点进行数据包转发,直到数据包到达汇聚节点。在该方法中,有效避免了内爆现象,这是因为每次只向一个邻居节点转发数据包,但是仍未有效解决重叠现象和网络资源利用不合理的问题。

2. GRID 路由协议

GRID 路由协议是一种典型的基于地理信息的路由协议。在基于地理信息路由协议中,借助于 GPS 设备、三角定位系统等相关技术和设备,网络中的节点能够获知自身所在的地理坐标,在进行路由选择时,基于地理信息,数据分组将不会再被转发给整个网络而是一个特定区域,从而降低了能量消耗。与此同时,将地理信息作为路由选择依据,还可以降低路由的维护消耗,且对网络路由的维护无需专门系统来完成。

GRID 路由协议最初是为移动自组织网络而设计的路由协议,该协议根据地理栅格构建分层网络并实现路由。其基本思想是将整个网络划分成一个个正方形的小区域,在同一个区域内,都是用栅格号来标识的所有节点的标号的。如图 2-2 所示,有一个 4×5 的栅格域,每个栅格的边长都相同且为 r,则节点通过每个栅格内的簇头节点构成整个网络的骨干网络,完成数据通信。每个栅格都有自己的编号,栅格中的所有节点都共享这个栅格编号,栅格内的簇头节点负责栅格中的数据包转发。GRID 路由协议主要由栅格划分、路由建立与路由维护三个阶段组成。

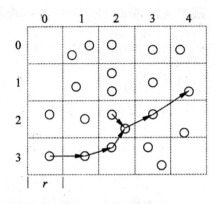

图 2-2　GRID 示例

　　栅格划分阶段主要包括了两个部分,即节点属于哪个栅格与簇头的选取。栅格的大小,即边长 r 的选取对于路由的性能影响较大。若栅格边长 r 选取较大,则可能导致各个栅格的簇头节点之间因相距较远而导致无法通信;若 r 较小,则可能在某一个栅格内没有节点存在使得路由无法选取。r 的选取值通常为 $\dfrac{d}{\sqrt{5}}$,其中 d 为两节点之间的通信距离,那么是什么原因导致了要选取这个值呢? 如图 2-3 所示,任意两个相邻的栅格之间,若要使得在两栅格中任意地理位置的两簇头都能够正常通信,则边长 r 与通信半径 d 满足如下关系:$(2r)^2 + r^2 = d^2$,因此解得 r 的值。

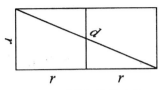

图 2-3　计算栅格的半径

选取簇头的原则是留在栅格内时间最长的节点作为簇头节点,一旦某节点担当了簇头节点,只有其离开该栅格的时候才会有新一轮簇头的选举。节点根据自己和归属栅格中心点的距离设定定时器,定时器到时,选举自己成为簇头,并周期性地发送通告消息,其他节点接收到消息后,则加入该栅格。如果同时有多个节点竞争簇头,在收到其他簇头的通告消息后,距离栅格中心较远的簇头放弃簇头地位,从而使栅格中簇头的唯一性得到保证。

3. SAR 路由协议

有序分配路由协议(Sequential Assignment Routing,SAR)是第一个在无线传感器网络中保证 QoS 的主动路由协议,基于 QoS 的路由协议要求在实现路由发现和维护的同时,使网络的 QoS(Quality of Service)需求得以尽可能地满足,一些协议在建立路由路径的同时,还考虑节点的剩余能量、时延、带宽、时延抖动、丢包率等,从而为数据包选择一个最合适的发送路线。

SAR 路由协议也是一种基于多路径的路由协议。通常情况下,计算 k 条不相交的路径所需的开销和复杂度是单路径路由协议的 k 倍。为了使每个节点到达汇聚节点的多径路由得以顺利建立,从汇聚节点每个邻居节点开始,以它们为树根,依次扩展实现树状结构的建立。从汇聚节点开始,每一个树都会尽可能地向具有满足 QoS 或者剩余能量较多的邻居节点延伸和扩展。当完成树的构建之后,大多数节点都将成为所建树的一部分,并且由于汇聚节点周围的邻居节点都是这些树的树根节点,因此所形成的多条路径针对汇聚节点周围的邻居节点是不

相交的,如图 2-4 所示。这样汇聚节点周围节点能量消耗过快的问题就迎刃而解。对于每条路径,都有两个参数与其相关联:

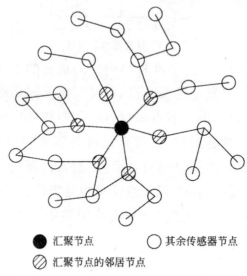

汇聚节点　　　　○ 其余传感器节点

汇聚节点的邻居节点

图 2-4　SAR 路由拓扑结构

①如果独占一条路径,那么能量资源的估计将是通过转发的最大数据包数量来进行的,而无须等到能量资源的耗尽。

②额外的 QoS 度量标准。每个节点由于有多条路径到达汇聚节点,其对路径的选择是依据"有序分配路由"算法开展的。在对路径进行选择时,该路径上能量资源、QoS(如时延、带宽、丢包率等)与所发送数据包的优先级均在该算法中得以综合考虑。高优先级的数据包和较高的 QoS 路径保持对应关系。SAR 路由协议的设计目标就是要寻找一条满足 QoS 要求的路径,且同时延长网络寿命。

由于该路由算法使得节点需要大量的冗余路由信息以建立路由,并且耗费存储资源,在路由维护阶段,更新信息开销较大。

2.3　无线传感器网络的组播路由协议

2.3.1　无线传感器网络组播研究概况

随着电子信息技术和因特网的快速发展,涌现出大量多媒体业务,如视频点播、IPTV、电视广播、视频会议、网上教育、互动游戏等,这些业务要求相同数据能够同时被多个计算机所接收。和一般数据相比,这些多媒体业务具有数据量大、持续时间长、时延敏感等特点。如果依然沿用传统的单播或广播技术的话,就会占用过多的网络资源尤其是带宽,这样的话网络性能就无法得到保证。鉴于此,组播技术被人们提出来,其为一种高效的传输方案,它能够同时将 1 个或甚至多个源主机的单一数据包传递给多给目的节点,在节省带宽的同时有效提高了数据传输效率,提高网络处于流畅通信的可能性。

有线网络是组播路由概念的最初来源,在组播中,由 1 个唯一的 D 类 IP 地址($224.0.0.0 \sim 239.255.255.255$)来标识的零个或者多个主机的集合构成了一个主机组,因此也称作 IP 组播。在 IP 网络,数据包在网络与网络中某个确定节点子集(组播组,Multicast Group)之间的传递是以尽力传送(Best-Effort)的形式进。IP 组播的基本思想是,源主机发送的数据仅有一份,这份数据中的目的地址为组播组地址;同样的数据拷贝可被组播组中的所有接收者接收到,且只有组播去内的主机(目标主机)才可以接收到,网络中其他主机是无法接收到该数据的。

由于无线传感器网络特殊性,用于有线传统网络的链路状态、距离向量和混合路由算法在无线传感器网络中并不适用。同时,移动 Ad Hoc 网络中的路由算法侧重于解决网络拓扑变化很快的情况,其常用的路由协议如 DSDV、AODV 等也不适用于 WSNS。然而无线传感器网络节点的移动性有限（可以认为无线传感器网络是一种节点移动速度为零的特殊无线网络），所以 WSNS 的组播实现没有移动 Ad Hoc 网络难度那么大，目前，MAODV、ODMRP 和 AMRoute 等为在移动 Ad Hoc 网络中已经提出的组播协议，由于种种原因，这些组播协议还不能很好地应用于无线传感器网络。

无线传感器网络对能耗的限制非常严格，能量消耗过快为无线传感器网络的重要缺点，然而网络能耗因组播路由转发数据包的高效率得以有效降低，使无线传感器网络的应用范围得以有效扩大。从实际应用中可以看出，在传感器节点的整个生命过程的能量消耗来看，传感器节点用于通信的能量开销几乎占整个能量消耗的一大半。因此，组播在无线传感器网络"一对多"场景中，组播通过减少节点通信的能量开销，降低了节点的能量消耗，最终达到了延长了网络生命周期的目的。

无线传感器网络组播路由协议根据组播路由协议设计时的依据可以分为以下三大类：

①基于树的组播路由协议。

②基于空间和时间域限制的组播路由协议。

③基于能量的组播路由协议。

2.3.2　基于树的组播路由协议

在基于树的组播路由协议中，数据从基站到所有其他传感器节点之间的转发是基于一棵组播树实现的。为了发现子节点，基站是借助于广播请求信息包来进行的，按照这样的办法，子节点发现了它的子节点，一棵树得以建立起来。目前提出这类协议的有 EMRS、VLM^2 和 DPTB^2 等协议。下面对基于树的组播路由协议思想的介绍以 VLM^2 为出发点来进行。

无线传感器网络由许多智能传感器节点组成，通过多跳的方式来实现感知数据的转发。对于这样的网络，期望一种有效的组播服务。用户一般对传感器感知的数据"特性"感兴趣,而不是只对单个传感器感知的数据有兴趣,例如"打开在某一区域监测温度的传感器",而不是"打开监测温度的传感器"。采用组播的方式发送这一消息可以提高能量利用效率,减小开销和提供更多的灵活性。

除了众所周知的无线传感器节点资源受限外,节点移动性带来的挑战也是无线传感器网络需要面对的,例如新的节点加入网络、网络中节点位置的改变或节点离开网络(节点电池耗尽或遭到破坏)。图 2-5 显示了典型的无线传感器网络的拓扑结构变化。每一个节点都在有限的范围

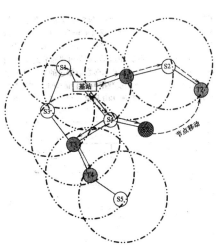

图 2-5　由基站形成的一棵路由树

内和邻居节点进行通信。VLM^2 是一种立足于资源约束(Resource-Constrained)条件下的组播算法,VLM^2 用到了分层结构,假设"基站(Base Station)"至少由 1 个,和其他资源受限节点比起来,基站的处理能力更加强大,其核心思想是从基站节点到源的下游方向提供三种数据包服务:单播、组播和广播,而从源到基站节点的上游方向提供两种数据包服务:单播和广播。在无线传感器网络体系结构中,传感器节点感知的数据一般都要传送到资源丰富的有线网络来做进一步处理。基站节点提供了如有线/无线网关或卫星链路等与有线网络连接的桥梁。图 2-5 显示了由基站形成的一棵路由树。

VLM^2 直接在链路层的基础上执行,该方法使路由状态和代码尺寸在很大程度上得以减小。VLM^2 同样适合节点移动性(加入/离开网络或位置改变等)导致的网络拓扑结构改变。图 2-5 显示了节点改变组播路由树的情况。VLM^2 提供了一整套

完整的路由机制：基站-节点组播，广播，单播路由和节点-基站的单播和广播路由。

VLM^2 协议描述如下：

VLM^2 为从基站-节点的下游方向提供三种不安全数据报服务方式（组播、单播和广播），为节点-基站上游方向提供两种服务方式（单播和广播）。节点首先成为某一组播组成员。一个组播组包含一些节点集。下游方向声明只有1个成员的组播组通过单播来完成。VLM^2 对从一个节点到另一个节点的点对点单播和组播方式是不支持的。在 VLM^2 中的从基站节点到源的组播算法中，为了实现1个组播树的构造，节点会利用携带组标识（Group Identifier）的预定包（Subscribe Packet）；在构造组播树的过程中，每个节点维护的下游组列表（Downstream Group List）仅有1个；当从基站节点发送给某个组的数据包被节点接收到时，节点首先会判断数据包的目的组标识是否在自己的下游组列表中，若在，则该数据包将被转发；否则，将会丢弃该数据包。

VLM^2 假设通信链路是对称的，即如果存在节点 A 可以直接发送数据给节点 B，那么节点 B 也可以直接发送数据给节点 A。虽然 VLM^2 能使可以直接通信的节点不断的相互转发数据，但是 VLM^2 规定每个节点可以进行的只是本地广播。至少存在1个基站的情况下，VLM^2 支持无线传感器网络的任意拓扑结构。在基站选定的情况下，其他节点将加入到网络中。VLM^2 将以基站为树根建立1棵生成树。单独的节点只包含本地路由状态信息、下游组播组的标识列表和数据包包头缓存，该缓存存在的目的是用来避免数据包重传。

VLM^2 数据包如图 2-6 所示，其中，Source 包含了发起数据包的标识符；Immediate Source 包含了最后转发数据包的节点标识符；Seqno 包含由发起数据包节点设置的序列号，该序列号不断递增，使数据包中的（Source，Seqno）对的唯一性得以保持；Dest 包含组播组标识符，基站发送的数据包可能有不同的目的

节点,但是由普通节点发来的信息只能到基站或进行洪泛;
Route 只用来向上游数据包和指示转发数据包的下一跳上游节
点,通过转发数据包的每个节点进行更新;TTL 包含当前数据
包的生命时间,数据包的 TTL 设置为固定的初始值(普遍为
20),用来消除路由循环;DtB 用来标识到基站的距离,即从发起
数据包到基站的跳数。

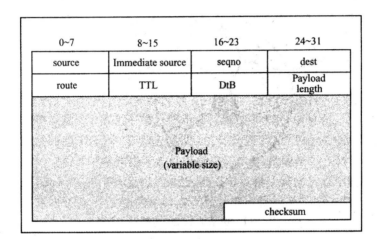

图 2-6　VLM² 数据包

2.3.3　基于能量的组播

在无线传感器网络中,能量有效组播协议至关重要,目前,
分支聚合组播(BAM)和节能数据布局异步组播(DPAM)等均
对这方面有研究。下面重点介绍 DPAM。

DPAM 提出了一种分布式架构,为了降低能耗和提高能量
利用率,故采用了应用层传感器数据高速缓存和异步更新组播
的方式。数据收集和转发为网络的主要功能,因此分布式架构
的目标就是减少网络主要功能的能量开销。

1. DPAM 的服务模型

模型建立在监测区域很大并且拥有许多观察者的密集无线

传感器网络。在给定时间内,观察者不再对整个网络进行关注而是将注意力集中在几个有限的关键区域,这些区域发生的事件或活动都很重要,称为焦点现场。例如在灾难现场中,救援人员感兴趣的是监测生还者,发现生还者的位置就是所说的焦点现场。在任何时候,整个网络的所有传感器节点数量都比焦点现场的节点数量多。处于焦点现场的传感器节点会选出一个本地代表来与外界进行通信,这是借助于分布式首领选举算法实现的。服务模型如图 2-7 所示。在该模型中,为加入异步组播树的观察者指定一个周期,在这个周期内要求其报告感知数据。对于相同的测量,不同的观察者可以指定不同的周期。

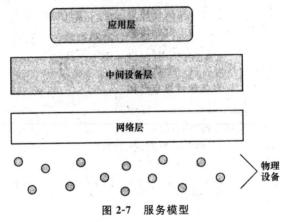

图 2-7　服务模型

和目前已有的无线传感器网络组播框架比起来,DPAM 从焦点现场到接收者的更新方式采用异步组播方式。接收者可以是无线手持设备或笔记本电脑,并且假设接收者不移动或相对于网络中通信延迟缓慢移动。数据高速缓存创建于组播树的节点处。基于延迟算法,实现了在相邻高速缓存之间传播数据的更新。

以下四个功能是中间设备(Middleware)需要完成的:

①确定每个焦点现场的数据高速缓存数量。

②为高速缓存选择最优值,如最小化通信能量。

③保持相应焦点现场的数据源与缓存一致。

④从最合适的缓存中传送数据给观察者,而不是从源节点进行传送。

中间设备高速缓存服务不存在于传统因特网,而是 DPAM 特有的。该服务运行在每个传感器节点。由于传感器节点的数量远远大于焦点现场的数量,所以在该服务模型中每个节点上的存储空间要求非常小。

2. DPAM 的算法描述

在组播树中,以传感器为根的每个节点维持 1 个位置指示器到其父节点,可以认为这些指示器为应用层的路由表。对于每个子节点,节点维持最大的传播速率,这个速率是子节点所有观测者按需求更新所有速率中的最大值。如果 1 个节点的更新速率比子节点能最大转发速率高,那么该节点不会转发更新到该子节点。通过这一方法,环境变化更新此接收者的请求速率高时,这些接收者就不会收到没必要的信息。

①加入组播树。观察者 K 通过发送 join 信息到起始传感器位置来加入组播树,例如到 level-0 拷贝。观察者的位置及其渴望的更新率 R_K 均包含在该信息中。起始传感器按照如下方法沿着组播树转发信息到观察者。每个 level-i 拷贝(从起始传感器开始)直到接收到 join 信息,判断是否有新的观察者比自己更靠近其他的子节点。如果有,则转发 join 信息到相应的子节点,例如转发到 level-(i+1)拷贝。如果该子节点的最大转发速率低于 R_K,则该子节点的最大转发率改为 R_K。直到 1 个节点发现没有任何子节点与观察者更接近,转发就会停止,称为拷贝了最近邻居。最近邻居把观察者加入到它的子节点集里。对于观察者的最大转发速率初始化为其请求更新速率。图 2-8 显示了 join 过程的信息交换。

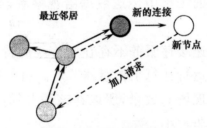

图 2-8　加入组播树

②拷贝建立和移动。为了建立新缓存拷贝的目的,节点分为固定节点和移动节点。起始传感器和观察者是固定节点。其他节点是移动节点,可以移动到更好的位置放弃新拷贝。当一个新加入的观察者连接到其最近邻居 N,节点 N 计算自己和所有它邻居节点的重心。接着计算存储,如果存储超过某个门限值,则表示建立这一拷贝的选择是有效的。如果 N(最近的邻居节点)是起始传感器,只能在下游建立新的拷贝。拷贝将从 N 流出到 N 的子节点,如图 2-9(a)所示。否则,如果 N 不是起始传感器,在新的拷贝原则上可以在 N 的上游或下游建立。上游拷贝将从 N 的父节点流出,流入 N 和 N 的子节点,如图 2-9(b)所示。下游拷贝和上边(见图 2-9(a))所说一样。如果 N 不是固定拷贝,第 3 种拷贝将有可能,即只需将 N 移到新位置,这称为拷贝移动。在拷贝移动,如果一个新加入观察者连接到移动最近邻居节点 N,节点计算所以其邻居节点的权重(包括新观察者),同时计算移到计算位置而增加的存储。如果差别比固定门限大的话,则该选择移动被视为可行,如图 2-9(c)所示。

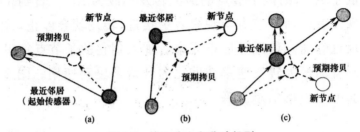

图 2-9　拷贝建立和移动规则

(a)最近邻居建立下游拷贝;(b)最近邻居建立上游拷贝;(c)最近邻居移动

③离开组播树。观察者 K 通过发送 leave 信息给其父节点离开组播树。父节点停止转发信息给该观察者。如果 K 在 N 的邻居节点里拥有最高最大转发速率，N 重设最大转发速率为下一个最大速率子节点。如果 N 是移动节点，其计算所有剩余邻居节点的重心、计算移动到重心的存储，如果存储超过一定门限，则移动到该位置。如果对于移动的节点只有 1 个子节点，子节点被删除，其父节点接管。

2.3.4　基于组群区域的组播

在基于组群组播路由协议中，传感器节点集合被划分为不同的区域，区域的移动是按照一定的方式进行的，组内采用的通信方式和组之间采用的通信方式也是不同的。GeoCast、Team Multicast 和 Spatiotemporal Multicast 等均为基于组群区域的组播。下面以 GeoCast 为侧重点来介绍一下基于组播区域的组播。

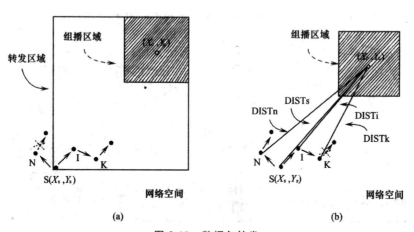

图 2-10　数据包转发

（a）GeoCast 的转发地带方法；（b）GeoCast 的最小距离方法

GeoCast 是基于移动 Ad Hoc 网络的组播协议，假定组播的节点存在于一个特别的组播区域（Muhicast Region）内，这个区域可以是圆也可以是矩形，在该特别的组播区域内的节点集称为基于位置组播组（Location-Based Muhicast Group）。Geo-

Cast 认为随着微型化设备的进一步发展,每个传感器节点都有GPS 装置,每个节点具有位置可知信息。GeoCast 提出了两种不同的基于位置算法,在组中转发数据包如图 2-10(a)和图 2-10(b)所示,把组播数据包限制在转发区域(Forwarding Zone)中。图 2-10(a)中定义了一个转发地带(Forwarding Zone),转发区域内的节点发送数据时采用的是单播路由协议,直到数据到达组播区域后数据的转发才会借助于洪泛方式来实现;图 2-10(b)的方法是每次都寻找比自己靠近组播区域的节点通过单播路由协议发送数据,当数据到达组播区域后,数据的转发依然是采用洪泛的方式进行。

虽然节点的移动性能有限,和 Ad Hoc 网络的实现比起来,无线传感器网络组播的实现难度较小,但是专门针对无线传感器网络组播的研究还是远远不够的,现有的无线传感器网络的模型的实现大部分都是借助于洪泛方法实现的。虽然洪泛方法实现简单,但每个节点均需转发信息,故就会消耗大量的能量,因此还需要进一步针对无线传感器网络的特定研究适合的组播路由算法。

2.4 无线传感器网络的典型传输协议

下面对一些典型协议做简单介绍,具体包括拥塞控制协议、可靠传输协议以及拥塞控制和可靠传输混合协议。

2.4.1 拥塞控制协议

拥塞控制协议的作用是防止网络拥塞的产生或缓解和消除网络中已经发生的拥塞现象。拥塞控制协议可以采用不同的拥塞避免和拥塞消除机制来实现。

1. 基于速率分配的拥塞避免

（1）CCF 协议

CCF（Congestion Control and Fairness for Many-to-one Routing）协议是一种基于多对一树状传输结构自上而下分配速率的拥塞避免协议。为了实现这一目标，在树状结构上，CCF 协议确保所有子节点的发送速率总和要小于等于其父节点的发送速率，从而可以避免父节点的缓存溢出。在 CCF 协议中，每个节点估算自己的平均上行发送速率，并将该速率平均分配给自己下游子树（Downstream Subtree）上的节点。节点在自身的实际平均发送速率和父节点分配的发送速率两者之中选择较小的值作为实际发送速率，并将这一决定发送给自己的子节点供其调节速率。CCF 协议要求各节点间在传输时保持稳定的父子关系。

（2）Flush 协议

Flush 协议是一种适用于直线拓扑的拥塞避免协议。该协议的设计目标主要针对单信道无线多跳网络传输中可能导致拥塞的两个问题：相邻无线链路的传输干扰问题和节点间速率不匹配产生的缓存溢出问题。在 Flush 协议中，每个节点只有在不干扰其他节点间通信、同时也不受其他节点通信干扰的情况下才允许发送数据，这样才有可能发送成功，并且一个节点的发送速率不得超过其前向路径上节点的发送速率。基于上述要求和直线型拓扑特性，每个节点可以在不发生传输碰撞的前提下，确定自己的最优数据发送间隔和发送速率，进而使网络的吞吐量得以有效提高。Flush 协议方案简单，但应用范围有限，仅适合直线拓扑，并且网络中同一时间内只能有一个数据流。当网络中存在多个数据流时，会产生数据流之间的干扰问题和数据流之间的资源分配问题，这将使得干扰避免和资源分配问题复杂化。在这种情况下，Flush 协议将不再适用。

2. 基于传输控制的拥塞避免

CALB 协议（Congestion-Avoidance Scheme based on Lightweight Buffer Management）是一种基于轻量级节点缓存状态管理的拥塞避免协议。在 CALB 协议中，节点发送数据时将自己剩余缓存空间信息捎带在数据包头中。因此，节点可通过监听相邻节点发送的数据包获知其剩余缓存空间。发送节点仅在接收节点缓存不满时才可以向其发送数据，使接收节点因缓存溢出造成丢包的情况尽量地避免。但是，仅仅依赖"接收节点缓存是否已满"作为发送节点是否应该发送数据的单一标准尚不够妥当。"缓存已经快满"说明拥塞正在发生，而且隐终端（Hidden Terminal）的存在也可能造成发送节点获知的接收节点缓存状态信息已经过时。因此，CALB 协议提出将节点发送数据包中携带的剩余缓存空间值设置为实际剩余空间的 $1/6$，使缓存溢出问题得到很好地解决。

CRA 协议（Characteristic-Ratio-based Congestion Avoidance Algorithm）是一种结合多路径路由的拥塞避免协议。CRA 协议定义每个节点的下游节点数与其上游节点数的比值为该节点的特征比率（Characteristic Ratio，CR）。对于数据传输路径上的节点来说，其上游节点指传输路径上靠近源节点的那些相邻节点（即路径上的上一跳节点），而下游节点指传输路径上靠近目的节点的那些相邻节点（即路径上的下一跳节点）。根据特征比率的大小、自己及上下游节点的缓存队列长度等信息，可以调节节点的数据发送速率，进而达到避免网络拥塞的目的。图 2-11 给出了 CRA 协议的工作原理示意图。在考虑的网络中，节点 S 为源节点，同时有两个汇聚节点。节点 A 有 3 个下游节点、1 个上游节点，因此 $CR_a = 3$；节点 B 有 2 个上游节点、2 个下游节点，因此 $CR_b = 1$；节点 C 有 2 个上游节点、1 个下游节点，因此 $CR_c = 1/2$。网络中的每个节点进行传输控制是通过使用其特征比率值和队列长度（包括自身队列长度及其下游节点队列长度)完成的。具体来说,若 $CR > 1$ 时,意味着当前节点有多个下游节点。在这种情况下,它可以采用公平排队方式,以公平的方式轮流向每个下游节点转发数据;若 $CR = 1$ 时,则检测下游节点的缓存占用情况,在不引起拥塞的情况下,向下游转发数据;若 $CR < 1$ 时,意味着当前节点的上游节点多于下游节点。这种情况下,若当前节点缓存将满时,其上游节点就会收到要求降低发送速率的通知。

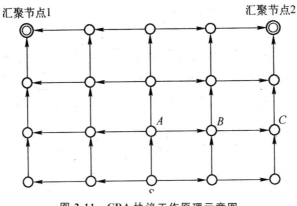

图 2-11　CRA 协议工作原理示意图

3. 基于速率控制的拥塞控制

下面介绍 CODA 协议和 SenTCP 协议,它们都是典型的基于速率控制的拥塞控制协议。

(1)CODA 协议

CODA(Congestion Detection and Avoidance)协议是一种基于速率控制的拥塞控制协议。在 CODA 协议中,拥塞检测采用信道采样和缓存占用率检测两种方法,拥塞通知采用开环拥塞消息后压法(Back Pressure)和汇聚节点端到端反馈 ACK 通知两种方式。拥塞缓解采用本地丢包、转发速率控制以及闭环多源速率控制机制。在数据传输过程中,接收节点结合信道负载和本地缓存占用率检测拥塞状况,进而判断出是否发生了拥塞。若节点检测到拥塞,则通过后压方式逐跳向上游节点传递拥塞指示。接收到后压消息的节点根据本地策略进行拥塞缓解,如丢弃分组、根据 AIMD(Additive Increase/Multiplicative Decrease)机制来调节发送窗口等,并根据本地网络状态决定是否继续转发后压消息。CODA 协议还采用了闭环方式调节数据源速率,由汇聚节点周期性地向全网反馈 ACK 消息。

(2)SenTCP

SenTCP 是一种基于速率控制的开环逐跳式拥塞控制协议。该协议中拥塞检测采用拥塞度检测和缓存占用率检测相结合的方法,其中可由包间隔时间和包服务时间计算得出用色度。在数据传输过程中,当节点检测到拥塞后,沿数据传输方向反向逐跳反馈拥塞指示消息,信息中携带了本地拥塞度 C_d 和缓存占用率 B_r 。当 B_r 超过最大门限值 B_{max} 时,中间节点每收到一个数据包就反馈一次拥塞指示消息;否则节点会维护一个定时器,只有在定时器超时、B_r 落入 [B_{min} , B_{max}] 区间和该周期内有新的数据包到达 3 个条件同时满足时,节点才反馈拥塞指示消息。拥塞指示消息广播给所有相邻节点,收到该消息的上游节点和相邻节点根据指示消息调节自身转发速率,调节的比例系数为 $1/ C_d$ 。

4. 基于流量控制的拥塞控制

下面介绍两种典型的基于流量控制的拥塞控制协议:ARC 协议和 Siphon 协议。

(1)ARC 协议

ARC(Adaptive Resource Control)协议是一种基于自适应流量控制的拥塞控制协议。该协议通过引入冗余节点实现多路径分流,使网络中发生的拥塞程度得以缓解。为了节约能量,冗余节点采用休眠机制,根据周围节点的拥塞程度设置休眠时间,从而为多路径分流做好准备。每个数据包头中携带拥塞度参数,从路径上游向下游传输。在数据传送过程中,当检测到网络发生拥塞后,第一个拥塞度低于一定门限值的节点将发起多路径建立请求,向上游寻找第一个未拥塞节点进行分流,分流节点利用冗余节点建立绕开拥塞区域的多条路径,如图 2-12 所示。图中实线表示原最优传输路径,虚线表示新建立的分流路径。汇聚节点根据数据包中的信息判断拥塞缓解后,分流节点就会收到解除分流的通知,仍然按照原先的最优路径传输。

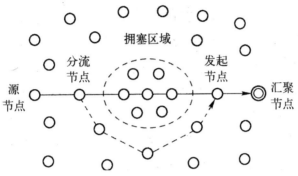

图 2-12　ARC 协议的多路径分流示意图

CAR(Congestion Aware Routing)协议是一种类似 ARC 协议的拥塞控制协议,其区别在于发生拥塞时,低优先级的数据流走其他路径绕过拥塞区域,使高优先级数据流的传输质量得到保证。CAR 协议适合于实时数据传输,对时延要求高的数据流将被赋予高优先级。

(2)Siphon 协议

Siphon 协议是一种基于分层网络结构的拥塞控制协议。该协议的分流是通过增加虚拟汇聚节点(sink 节点)进行的。在网络中部署少量具有多模无线通信能力的传感器节点作为虚拟 sink 节点,每个虚拟 sink 节点使用基于 IEEE 802.11 的长距离无线通信方式与实际 sink 节点通信,而使用短距离无线通信方式与附近的传感器节点进行通信。因此,整个网络可以看成由使用长距离无线通信方式的主网络(Primary Network)和使用短距离无线通信方式的次级网络(Secondary Network)这两层网络组成的。虚拟 sink 节点使用信道采样和缓存占用率检测拥塞,实际 sink 节点使用数据逼真度检测拥塞。在发生拥塞时,传感器节点将通过重定向方式(Redirection)把数据传输给附近的虚拟 sink 节点,虚拟 sink 节点启动长距离通信模块与实际 sink 节点进行通信转发,对网络流量进行分流。次级网络使用基于碰撞的归一化位差错率作为拥塞指示,并可与 CODA、Fusion 等协议结合使用进行拥塞控制。CODA 或 Fusion 中的拥塞控制机制会因主网络和次级网络都发生拥塞而触发。Siphon 协议通过构建包含主网络和次级网络的双层网络,提供了更好的拥塞恢复能力,其不足之处在于需要增加额外的硬件设备,且虚拟 sink 节点的部署情况也会直接影响协议的性能。

5. 基于数据处理的拥塞控制

下面介绍一种典型的基于数据处理的拥塞控制协议——PREI 协议。

PREI(Priority-based Event Reposing)协议是一种基于数据处理的无线传感器网络拥塞控制协议。PREI 协议定义了可靠度指数(Reliability Index),其设计目标是最大化可靠度指数。PREI 协议将网络划分为多个互不交叠的网格,每个网格中有一个融合节点负责汇聚数据并计算这些数据的中位数(Median)。若某传感器节点的数据与中位数差异超过给定门限,则融合节点去除该节点的数据并认为该节点异常。若一个网格内的正常节点超过半数,融合节点计算正常节点数据的平均值,并认为该融合结果是可靠的。相邻网格的数据可再次融合,以便传输的数据量得以进一步减少。PREI 协议通过多级数据融合降低网络内部的数据量,从而能够有效降低网络发生拥塞的概率。然而,PREI 协议采用的融合模型比较简单,适用范围也非常有限。

以上介绍了一些典型的无线传感器网络拥塞控制协议,这些协议采用了不同的拥塞避免和拥塞消除(或缓解)方法,其拥塞控制性能也各不相同,适用于不同的无线传感器网络应用。表 2-1 汇总比较了这些拥塞控制协议的特点。

表 2-1 典型拥塞控制协议

典型协议	拥塞检测	拥塞通知	拥塞缓解
CCF[1]	包服务时间	隐式	速率分配
Flush[12]			速率分配
CALB[15]	缓存占用率	隐式	转发速率控制
CRA[16]	上下游节点数量、队列长度	显式	转发速率控制
CODA[13]	信道采样、缓存占用率	显式	转发/源速率控制、丢包
Fusion[14]	缓存占用率、信道采样	隐式	转发速率控制
SenTCP[17]	包间隔时间、缓存占用率	隐式	转发速率控制
ARC[18]	拥塞程度	隐式	多路径分流
CAR[19]	拥塞程度	隐式	多路径分流
Siphon[20]	虚拟 sink 节点:信道采样和缓存占用率实际 sink 节点:数据逼真度		通过虚拟 sink 节点分流
BGR[21]	缓存占用率、信道采样	隐式	网内/端到端包扩散
FADR[22]	缓存占用率	显式	动态路径分流
CONCERT[23]	缓存占用率、信道采样		数据融合
PREI[24]			多级数据融合

2.4.2 可靠传输协议

可靠传输协议的作用是保证传感器数据能够有序、无丢失、无差错地传输到汇聚节点,向用户提供可靠的数据传输服务。可靠传输协议的实现是采用丢包恢复、冗余传输和速率控制等基本机制来进行的。本小结分别介绍几种典型的可靠传输协议,包括基于数据包的可靠传输协议、基于数据块的可靠传输协议和基于数据流的可靠传输协议。一般来说,一个数据块可以切割成为多个数据包,而一个数据流则是持续传输一段时间的数据。

1. 基于数据包的可靠传输协议

通常情况下,基于数据包的可靠传输协议的实现是基于重传的丢包恢复和多路径冗余传输等机制来实现的。下面介绍两种典型协议。

（1）ReInForM 协议

ReInForM(Reliable Information Forwarding Using Multiple Paths)协议是一种利用多路径冗余传输来提高传输可靠性的传输协议。在 ReInForM 协议中,源节点发送数据包之前,首先需要根据数据包的重要性确定预期的成功传送率,然后确定需要发送的数据包复制数量和下一跳节点。复制数量 P 可以根据本地估测的信道误码率、源节点到汇聚节点的跳数和预期的成功传送率计算得到,其计算公式如下：

$$P = \frac{\log(1-r)}{\log[1-(1-e)^h]} \qquad (2-1)$$

式中,r 表示预期的成功传送率;e 代表本地信道误码率;h 代表源节点到汇聚节点的跳数。通常,P 大于 1。节点将相邻节点分为 3 个集合,分别是距汇聚节点跳数为 $h-1$,h,$h+1$ 的节点集合,其中 h 是当前节点距汇聚节点的跳数。节点选取下一跳是从跳数为 $h-1$ 的节点集合中随机选择的。收到数据后,该下一跳节点必后必须转发,而其他相邻节点监听到该数据后是否转发要根据 P 值来决定:如果与自己关联的 P 值大于 1,则转发;若小于 1,则以概率 P 转发。决定继续转发数据包的节点将同样执行上述过程来确定自己需要转发的复制数及确定下一跳。ReInForM 协议的执行过程中,随机选择下一跳的方式可以平衡网络中节点的能量消耗,但也可能偶尔会造成路由环路。

（2）GRAB 协议

GRAB(Gradient Broadcast)是一种结合传输信用度和多路径冗余传输的数据发送协议。该协议要求由 sink 节点建立和维护网络所有节点的传输开销(Cost)梯度场。一个节点的传输开销值指单位长度的数据包从该节点传输到 sink 节点的最小能耗值。GRAB 允许一个数据包沿梯度降低的多条路径进行冗余传输。同时,为了限制单个复制端到端传输的能耗,源节点在每个发送数据包中设置了信用度(Credit),使得网络从源节点到汇聚节点传输一个数据包的能耗要小于等于该信用度与源节点到汇聚节点的传输开销值之和(两者之和称为一个数据包在网络中传输消耗的总预算)。此处,可用能耗来衡量信用度。当数据包传输到某节点时,该节点计算该数据包的信用度剩余比例 R 和相应的门限值 R_{TH},其计算公式如下:

$$R = \frac{(\alpha - \alpha')}{\alpha} \qquad (2\text{-}2)$$

$$R_{TH} = \left(\frac{C_k}{C_s}\right)^2 \qquad (2\text{-}3)$$

式中,α 表示源节点为该数据包分配的初始信用度;$\alpha' = (P_c + C_k - C_s)$ 表示该数据包已经消耗的信用度。这样 $\alpha - \alpha'$ 表示该数据包的剩余信用度,P_c 表示迄今为止该数据包在传输过程中已经消耗的能耗,C_k 和 C_s 分别代表当前节点和源节点到目的节点的传输开销值。若 $R \geqslant R_{TH}$,则继续转发给离自己距离最近且距离目的节点比自己近的 3 个相邻节点;否则只转发给最小能耗路径上的下一跳。GRAB 协议要求数据发送采用 CSMA 机制以 MAC 层信道广播方式实现,数据包所经过的传输路径分布形成一个网状交织的传输路径集,从而使端到端传输可靠性有了一定程度的提高,但无形之中也带来了很高的传输成本。

2. 基于数据块的可靠传输协议

当网络中有大量数据包需要传输时(如需要在全网络范围内广播更新指令时),数据可以数据块的形式传输。基于数据块的可靠传输可以使用 NACK 应答方式,NACK 包可以看成接收节点反馈给源节点的重传请求。若中间节点缓存区内有需要重传的数据包,即可直接进行重传,避免从源节点进行多余的传输。下面的协议描述中,下行通信指由 sink 节点发起的、面向所有网络节点的数据广播通信,上行通信指从单个传感器节点到 sink 节点的单播通信。

(1)GARUDA 协议

GARUDA 协议是一种面向下行通信的数据块可靠传输协议,通过丢包恢复保障传输可靠性。汇聚节点(sink 节点)首先将一个数据块分解成多个数据包进行传输,并通过第一个数据包的传输在网络中选择核心节点,组成核心子网,如图 2-13 所示。这里,距离 sink 节点跳数为 3 的倍数的节点即为核心节点,负责丢包重传。每个核心节点在所转发的数据包中添加 bitmap(也称"位图")指示自己已正确收到了哪些数据包。丢包恢复分为核心节点丢包恢复和非核心节点的丢包恢复:

· 核心节点丢包恢复:下游的核心节点在收到上游核心节点转发的数据包之后,检查其 bitmap。若数据包的 bitmap 信息指示添加该位图信息的上游核心节点拥有自身需要的丢失包,则向相应上游核心节点发送 NACK 包请求重传。

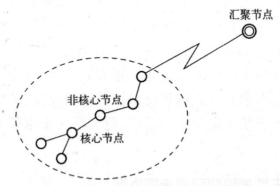

图 2-13　GARUDA 协议的双层网络示意图

· 非核心节点的丢包恢复:非核心节点监听到某核心节点转发的 bitmap 信息后,只有在得知该核心节点已经正确接收到某个数据块的所有数据包后,才能向该核心节点请求重传。

通过将距离 sink 节点跳数为 3 的倍数的节点都选作为核心节点并负责到非核心节点的数据重传恢复,GARUDA 协议有效地克服了 NACK 的传输界限问题(即数据包恢复是分段恢复的,以 3 跳为一段),丢包恢复迅速。但 GARUDA 协议要求每个分组携带 bitmap 信息,无形之中也就增加了一定的传输开销。

(2)RMST 协议

RMST(Reliable Multi-Segment Transport)是一种面向上行通信的数据块可靠传输协议。该协议改进了传统定向扩散路由(Directed Diffusion,DD)协议,增加了用于反馈丢包信息的反向路径。在该协议中,源节点将传送给汇聚节点的数据块分解成多个数据包发送,传输层使用 NACK 包进行端到端丢包恢复,并建议 MAC 层采用 ARQ 重传方式提高链路传输的可靠性。RMST 协议支持缓存和非缓存两种操作模式。在缓存模式下,汇聚节点和中间节点缓存数据段并周期性检查丢失数据段。若有丢失,则沿 DD 协议确认的反向加强路径(反向加强路径是 Directed Diffusion 协议的一个术语,指从多条反向路径中选择的加型路径)逐跳返回 NACK 包,请求重传。对于收到 NACK 的中间节点来说,如果本地没有缓存相关丢失数据包,则继续向数据源节点转发 NACK 包,否则丢失的数据包将由当前节点负责重传。在非缓存模式下,只有源节点和汇聚节点保存数据包,因此只有源节点负责接收 NACK 包并执行重传。

3. 基于数据流的可靠传输协议

为实现基于任务的可靠传输,汇聚节点只需要在特定时间内收到一定数量的数据即可。因此,为确保一定数量的数据被汇聚节点成功接收,重传并不关键,可采用调整数据的产生速率或源节点的数量等方法来实现。

(1)ESRT 协议

ESRT(Event-to-Sink Reliable Transport)协议是一种基于数据流的可靠传输协议,主要针对以数据为中心的应用,通过自动配置网络实现可靠传输。ESRT 协议要求汇聚节点根据一个周期内成功接收到的数据包数量计算传输可靠度，通过调整源节点发送速率来调节网络状态。如果传输可靠度比预定要求低的话，则通知源节点调节发送速率以提高可靠度；否则在不降低传输可靠度的同时减小源节点发送速率以节约能量。ESRT 协议支持拥塞控制，故不支持丢包恢复。它采用基于缓存占用情况的拥塞检测机制，若节点检测到拥塞则它可以在数据包中设置拥塞位以通知汇聚节点拥塞情况，汇聚节点将通知所有源节点调节其发送速率。ESRT 协议对于随机性和动态性强的无线传感器网络具有的鲁棒性非常强。但是，ESRI 协议要求汇聚节点的下行无线传输链路能够直接覆盖整个网络，对所有节点采用的是相同操作，且拥塞控制由汇聚节点集中负责，响应延时较长，这些不足之处会对 ESRT 协议的实际应用造成不良影响。

（2）GurGame 协议

GurGame 协议是一种通过控制数据源节点的数量实现可靠传输的传输协议。协议的名称源自协议中采用的一个名为 GurGame 的数学优化算法。该协议假设网络中的汇聚节点要求在一个周期内收到至少 k 个数据包。在这种情况下，如果网络节点数 N 已知，则每个传感器节点以 $\dfrac{k}{N}$ 的概率决定是否汇报数据；如果 N 未知，则节点的数据汇报概率可基于 GurGame 算法来确定。假设不相关的投票人进行投票是 GurGame 算法的主要思想。投票有是或否这两种选择。裁判会根据投票结果对投票人进行惩罚或奖励，以调节其在下一轮投票中"是"和"否"的概率。实际网络运行中，一个节点投票"是"意味该节点将向汇聚节点汇报数据；投票"否"则不汇报数据。采用 Gur-Game 算法可以自适应地调节网络中处于汇报状态的节点的数量，从而使网络达到满意的服务质量。基于 GurGame 算法，该协议引入了一个奖励函数 $r(k)$，汇聚节点统计在 t 时刻收到的

数据包数量 k_t，通过 $r(k)$ 计算奖励概率 $r(k_t)$，并将其广播给各个节点。各节点将在下一轮中以 $r(k_t)$ 的概率汇报数据，以 $1-r(k_t)$ 的概率不汇报数据。因此，GurGame 协议执行过程中要求汇聚节点在每一轮汇报执行完毕后向全网节点通告新的节点数据汇报概率，这无疑将带来可观的通信开销。

以上介绍了一些典型的无线传感器网络可靠传输协议，为了提高数据传输的可靠性以上这些协议采用了不同的方法和机制，适用于不同的无线传感器网络应用。

2.4.3　拥塞控制和可靠传输混合协议

本节介绍同时支持拥塞控制和可靠传输功能的两种传输协议：传感器传输控制协议（STCP）和基于速率控制的可靠传输（RCRT）协议。

（1）STCP

STCP(Sensor Transmission Control Protocol)是一种可支持多种类型数据流的分布式传输协议，可同时提供对拥塞控制和丢包恢复的支持。STCP 针对不同数据流设计了不同的丢包恢复机制，其拥塞标志为缓存占用率。当检测到本地缓存占用率超过门限值 T_{lower} 时，节点以一定概率设定转发数据包中的拥塞位。当本地缓存占用率超过门限值 T_{higher} 时，所有转发包的拥塞位均设为 1。当收到拥塞通告后，汇聚节点就会发出相关源节点重新选择路由或降低发送速率的通知。类似于传统 TCP，STCP 执行过程中，要求源节点首先和汇聚节点建立会话（Session），并要求源节点和汇聚节点保持会话相关的状态和计时器信息。STCP 既可以支持连续数据流，也可以支持事件驱动的数据流。

（2）RCRT 协议

RCRT(Rate-Controlled Reliable Transport)协议是一种基于速率控制的可靠传输协议，适合数据量大、速率高且不允许丢包的应用,如图像采集、建筑物健康监控等。RCRT 协议采用端到端丢包恢复策略,且可由汇聚节点集中实现所有功能。汇聚节点检查到丢包后,向源节点发送 NACK 包请求端到端的丢包恢复。RCRT 以丢包恢复时间作为拥塞指标。若丢包恢复能够在一个 RTY(Round-Trip Time)时间内完成,则认为网络无拥塞;若恢复时间超过两个 RTF,则认为网络拥塞。汇聚节点使用 AIMD(即加性递增乘性递减)策略调整所有流的速率总和,再根据不同的策略分配给各个源节点。RCRT 协议支持多个相互干扰的数据流的并发传输,使高速率和低延迟应用的需求得到满足。但在有些情况下,距离汇聚节点较远的节点丢包恢复时间由于某些原因(如 RTF 估计不准确或机会性的路径传输延迟增加等)有可能超过一个 RTT,因此可能会造成错误地启动拥塞缓解机制;且由汇聚节点执行拥塞检测,可能无法快速及时发现中间节点上发生的拥塞,而拥塞缓解机制的滞后可能会对网络性能造成影响。

2.5　无线传感器网络的协议标准

　　近年来,随着无线传感器网络技术研究和开发的不断深入,在越来越多的领域看到了无线传感器网络的身影。与此同时,无线传感器网络技术对于标准化的需求也越来越迫切。①目前,不同厂商所生产的各种传感器网络产品和系统无法实现兼容、互通、协同的工作,且在与现有的各种网络和系统之间还存在融合、共存的问题,此问题可通过对无线传感器网络技术进行规范和标准化得到有效解决;②实现无线传感器网络技术标准化后,产品成本会得到降低,市场规模也会因此得以扩大,无线传感器网络应用的发展也因此得以提高。因此,对无线传感器网络的标准化工作受到了很多国家和标准化组织的高度重视。IEEE 标准化委员会和一些企业公司组成的联盟相继开展了相关通信协议标准的研究和制定工作,经过多方面的努力,制定了一系列标准化草案和标准规范,无线传感器网络的通信协议也因此得以进一步规范和统一。

目前,IEEE 802.15.4 和 ZigBee 是无线传感器网络使用的主要国际通信协议标准,已得到业界普遍认可。这两个对协议的不同子层做了相关规定:物理层和媒体访问控制(MAC)层规范的定义由 IEEE802.15.4 给出,网络层和应用层规范的定义由 ZigBee 给出。两者结合可以支持低速率、低功耗的短距离无线通信。

2.5.1　IEEE802.15.4 标准

下面介绍 IEEE 802.15.4 协议标准的协议架构、技术特点、物理层规范和 MAC 层规范。

1. IEEE 802.15.4 标准概述

IEEE 为了满足无线个人区域网(Personal Area Network, PAN)的需要,特制定了 IEEE 802.15.4 标准,该标准是一种短距离无线通信协议标准。无线个人区域网(无线个域网)是一种短距离无线通信网络,其典型覆盖范围最大为 100m,基于此个人或家庭范围内不同电子设备之间的互联和通信得以顺利实现。

2002 年,IEEE 开始着手开展低速个域网标准——IEEE 802.15.4 的研究制定工作。在该标准中,低速率无线个人区域网的物理层和 MAC 层被确定下来,为了实现不同设备之间的通信,统一的协议和结构被制定出来,其设计目标是低速率、低成本、低功耗,这与无线传感器网络的要求保持一致。由于 IEEE802.15.4 所规定的低速无线个域网与无线传感器网络在特征上相似程度比较多,该标准已经被广泛用作无线传感器网络的物理层和 MAC 层标准。

IEEE 802.15.4 标准采用了符合国际标准化组织(International Standardization Organization, ISO)开放系统互连(Open System Interconnection, OSI)的分层结构,规定了低速率无线个域网的物理层和 MAC 层,如图 2-14 所示。

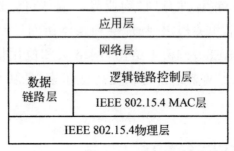

应用层		
网络层		
数据链路层	逻辑链路控制层	
	IEEE 802.15.4 MAC层	
IEEE 802.15.4物理层		

图 2-14　IEEE 802.15.4 标准协议栈

IEEE 802.15.4 标准的物理层对无线信道和 MAC 子层之间的接口做了规定,另外,MAC 子层所需要的数据服务和管理服务均可由物理层来提供,并实现信道频率选择、信道检测与评估、数据发送与接收等功能。同时,物理层可以兼容于如 IEEE 802.11 和 IEEE802.15.1(蓝牙)等其他 IEEE 无线网络标准。

全部对物理层的访问是由 IEEE 802.15.4 标准的 MAC 层负责处理的,数据服务和管理服务也是立足于 MAC 层的。MAC 层数据包在物理层上的发送和接收可通过数据服务功能来实现。具体来说,管理服务包括通信的同步、保证时隙的管理以及设备的连接与拆除等相关内容。此外,MAC 层还能够实现基本的安全机制。

IEEE 802.15.4 标准协议栈简单灵活,且无需任何基础设施,适合于短距离无线通信,具有低成本、低功耗、便于安装等特点。

2. 物理层规范

下面对 IEEE 802.15.4 标准的物理层规范进行介绍,包括物理层服务功能、物理层服务规范和物理层帧结构。

（1）物理层服务功能

无线信道和 MAC 子层之间接口的定义是由 IEEE 802.15.4 标准的物理层给出的,借助于这些接口向 MAC 子层提供物理层数据服务和管理服务。以下主要功能即为 IEEE 802.15.4 标准规定的:

①无线收发器的激活与释放。

②对当前信道做相关能量检测。

③发送链路的质量指示。

④CSMA/CA 的空闲信道评估。

⑤信道频率的选择。

⑥数据的发送与接收。

IEEE 802.15.4 标准可以工作在 4 个免许可证的工业、科学和医疗(Industrial Scientific Medical,ISM)频段:780 MHz 频段、868 MHz 频段、915 MHz 频段和 2.4 GHz 频段。

IEEE 802.15.4 标准的工作频段、传输速率和调制方式等参数如表 2-2 所列。

表 2-2　IEEE 802.15.4 标准的工作频段、传输速率和调制方式

物理层	频段/MHz	调制方式	传输速率/(bit/s)	符合特征
780MHz	779～787	O-QPSK	250	十六进制
		MPSK	250	十六进制
868MHz	868～868.6	BPSK	20	二进制
915MHz	902～928	BPSK	40	二进制
2.4GHz	2400～2483.3	O-QPSK	250	十六进制

IEEE 802.15.4 标准使用了上述 4 个频段,并在这些频段上定义了 30 多个信道,分别为 780MHz 频段的 8 个信道、868MHz 频段的 1 个信道、915MHz 频段的 10 个信道和 2.4GHz频段的 16 个信道。这些信道的具体定义如下:

780MHz 频段:$f_c = 780 + 2k$MHz　　　$k = 0, \cdots, 3$

780MHz 频段：$f_c = 780 + 2(k-4)$MHz $\qquad k = 4, \cdots, 7$

868MHz 频段：$f_c = 868.3$MHz $\qquad\qquad k = 0$

915MHz 频段：$f_c = 906 + 2(k-1)$MHz $\qquad k = 1, \cdots, 10$

2.4GHz 频段：$f_c = 2405 + 5(k-11)$MHz $k = 11, \cdots, 26$

（2）物理层服务规范

在物理层，需要完成以下任务的提供：无线物理信道与 MAC 子层之间的硬件接口以及物理层数据服务、物理层管理服务。物理层数据服务不是凭空完成的，而是需要借助于物理层数据服务接入点（Physical Layer Data Service Access Point，PD-SAP）的帮助来完成，物理层管理实体（Physical Layer Management Entity，PLME）的服务接入点（PLME Service Access Point，PLME-SAP）完成了物理层管理服务。

①数据服务。物理层数据服务的收发数据是立足于无线信道实现的，在物理层数据服务接入点（PDSAP）的帮助下实现了对等 MAC 子层实体间 MAC 协议数据单元（MAC Protocol Data Unit，MPDU）的传输。

②管理服务。物理层管理服务维护一个物理层个域网数据库（PAN Information Base，PIB），通过物理层管理实体的服务接入点（PLME-SAP）在 MAC 层管理实体（MAC Layer Management Entity，MLME）和物理层管理实体（PLME）之间传输管理信令，实现射频收发器的管理以及信道选择、功率控制等功能。

（3）物理层帧结构

IEEE 802.15.4 标准的物理层帧格式如图 2-15 所示，是由三个部分组成的，分别是同步头、物理帧头和数据单元域。由 4 字节的前导码和 1 字节的帧起始分隔符（Start-of-Frame Delimiter，SFD）共同构成了同步头，其中由 32 个 0 组成了前导码，用于收发器进行码片或者符号的同步；物理帧起始分隔符设置为固定值 0xA7，这个固定值的设定意味着同步的结束以及物理帧的开始。由 7 位的帧长度域和 1 位的保留位共同组成了物理帧头,物理层服务数据单元(Physical Layer Service Data Unit,PS-DU)的字节数是由帧长度表示的,其中 0～4 和 6～7 位为保留值。为了方便物理层服务数据单元的携带,数据单元域长度是可变的。

4字节	1字节	1字节		变长
前导码	SFD	帧长度 (7位)	保留位 (1位)	PSDU
同步头		物理帧头		PHY负载

图 2-15　物理层帧结构

3. MAC 层规范

本节介绍包括 MAC 层服务功能、MAC 层服务规范和 MAC 层帧结构在内的 IEEE 802.15.4 标准的 MAC 层规范。

(1)MAC 层服务功能

IEEE 802.15.4 标准的 MAC 层定义了物理层与网络层之间的接口,向网络层提供 MAC 层数据服务和管理服务。IEEE 802.15.4 标准规定了以下主要 MAC 层功能:信标的产生;信标的同步;网络的关联;设备的安全规范;CSMA/CA 信道接入;保证时隙的处理与维护;MAC 实体间的可靠连接。

MAC 层定义了简功能设备(Reduced Function Devices, RFDs)和全功能设备(Full Function Devices,FFDs)这两种节点。MAC 层的部分功能均可由简功能设备来实现。简功能设备具有简单处理、存储和通信能力。简功能设备相连接的网络只能是已存在的网络其他网络是不行的,其本身是无法进行通信的,可借助于全功能设备来通信。不同于简功能设备只能实现 MAC 层的部分功能,全功能设备能够实现所有 MAC 层功能,它既可以作为网络协调器,也可以用作一组简功能设备的通用协调器。网络协调器的功能是建立和管理网络,它负责选择网络标识符,并建立或拆除与其他设备的连接。在设备连接阶段,网络协调器为新设备分配一个 16 位的地址,这一地址可以与分配给每个设备的标准 IEEE 64 位扩展地址交替使用。多个全功能设备可以协作完成网络拓扑的构建。实际中，是在网络层进行网络拓扑构建的，但是 MAC 层可以为星形与对等形类型的网络拓扑提供支持，如图 2-16 所示。

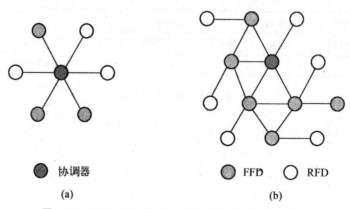

协调器　FFD　RFD

(a)　(b)

图 2-16　IEEE 802.15.4MAC 层支持的网络拓扑结构

(a)星形　(b)对等形

在星形拓扑结构中，一个全功能设备处于网络的中心位置，其实际上是作为一个网络协调器存在的。除了位于网络中心位置的全功能设备外，其他无论是全功能设备还是简功能设备都是作为普通设备存在的，其只能与位于网络中心位置的全功能设备进行通信。协调器负责网络中所有设备之间的同步。同一区域的不同星形网络具有的网络标识符是有差异的，且其运行相互独立的没有任何关系的。图 2-16(a)给出了一个星形网络拓扑的实例。

区别于星形拓扑结构，在对等形拓扑结构中，所有全功能设备都能与其通信范围内的任何设备进行通信。通常，网络协调器的功能是由启动网络的全功能设备来提供的，而其他全功能设备作为路由器或终端设备来构成一个多跳网络，如图 2-16(b)所示简功能设备只能作为终端设备，且每个简功能设备与一个全功能设备连接的只能是一个。

（2）MAC 层服务规范

IEEE 802.15.4 标准的 MAC 层主要为其上层网络层提供

数据服务和管理服务,它们可以分别通过两个服务接入点
(Service Access Point,SAP)进行访问。数据服务通过 MAC 公
共部分子层(MAC Common Part Sub-layer,MCPS)的服务接入
点(MCPS-SAP)进行访问。管理服务通过 MAC 层管理实体
(MAC Layer Management Entity,MLME)的服务接入点
(MLME-SAP)进行访问。MAC 层管理实体 MLME 提供了用
于调用 MAC 层管理功能的管理服务接口,且负责维护 MAC
层的个域网信息库 PIB。这两种服务通过 PD-SAP 和 PLME-
SAP 接口,组成了业务相关汇聚子层(Service-Specific Conver-
gence Sub-layer,SSCS)和物理层之间的接口。此外,MLME 还
可以通过与 MAC 公共部分子层 MCPS 之间的一个内部接口调
用 MAC 层数据服务。

在实际应用过程中,可以借用一组原语来实现 MAC 层数
据服务和管理服务的描述,整个原语体系由请求(Request)、指
示(Indication)、响应(Response)和确认(Confirm)这四类构成,
如图 2-17 所示。每种服务是使用全部还是部分原语可以根据
需要来进行。

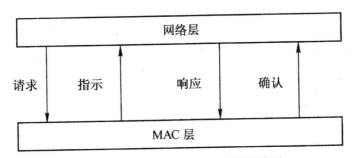

图 2-17　实现 MAC 层服务的 4 种原语类型

1)数据服务

数据服务主要由一个只使用 Request、Confirm 和 Indica-
tion 原语的服务组成。在数据服务中,MAC 层会收到来自于上
层产生 DATA. request 原语,另一设备就会收到一个发送数据
消息的请求。上层若想收到通告数据传送的结果(如发送成功
或者出错),MAC 层会借助于 DATA. confirm 原语来实现。

DATA. indication 原语则与一个"receive"原语保持对应关系，它由 MAC 层从物理层接收到一个数据消息时产生，且向上层的传递是由 MAC 层来完成的。在两个节点交换数据期间消息和原语的传送过程可通过图 2-18 得以展示出来。

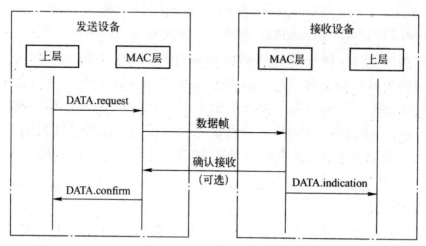

图 2-18　数据服务的实现过程

2)管理服务

管理服务主要包括网络的初始化、设备的连接与拆除、已存网络的检测以及其他利用 MAC 层特征的功能。表 2-3 归纳了MAC 层主要的管理服务，表中对应与服务 S 和原语 P 的单元格中的符号 X 表示 S 使用原语 P，而符号 O 则表示原语 P 对简功能设备是可选的。

表 2-3　IEEE 802.15.4 MAC 层的主要管理服务

服务名称	Request	Indication	Response	Confirm	功　能
ASSOCIATE	X	O	O	X	请求设备与网络的连接
DISASSOCIATE	X	X		X	拆除设备与网络的连接
BEACON-NOTIFY		X			向上层提供接收到的信标
GET	X			X	读取 MAC 层参数
GTS	O	O		O	向协调器请求 GTS

续表

服务名称	Request	Indication	Response	Confirm	功　能
SCAN	X			X	查询处于工作状态的网络
COMM-STATUS		X			通告上层由请求原语启动的服务执行的结果
SET	X			X	设置 MAC 层参数
START	O			O	启动网络并发送信标，也可用于设备发现
POLL	X			X	向协调器请求发送消息

这里，我们只对 ASSOCIATE 服务的协议和功能举例描述。该服务由期望加入一个通过预先调用 SCAN 服务识别到的网络设备调用。ASSOCIATE. request 原语将网络标识符、协调器地址以及该设备的 64 位扩展地址作为参数，向指定的协调器（网络协调器或者路由器）发送一个连接请求（Association Request）消息。由于连接过程针对使用信标的网络，此连接请求消息使用时隙 CSMA/CA 在竞争访问阶段发送。

协调器收到连接请求消息后会立即应答其接收。但是，这一应答并不意味着连接请求已经被接受。在协调器端，连接请求将通过 ASSOCIATE. indication 原语被传递到协调器协议栈的上层，再由上层决定是否接受连接请求。如果连接请求被接受，协调器将为该设备分配一个 16 位的短地址，供其以后替代自己的 64 位扩展地址使用。同时，协调器的上层将调用 MAC 层的 ASSOCIATE. response 原语。该原语将设备的 64 位地址、新分配的 16 位短地址以及连接请求的状态（成功或者出错）作为参数，产生一个连接响应（Association Response）消息，并以间接发送的方式将其传送给请求连接的设备，即将连接响应消息添加到协调器的待发送的消息列表中。请求连接的设备在接收到协调器对连接请求的应答后，将等待预先设定的一段时间，再自动向协调器发送一个数据请求消息。在此之后，协调器将向请求连接的设备发送连接响应消息。一旦接收到连接响应消息,请求连接的设备将向协调器发送应答消息,其 MAC 层将向其上层发送一个 ASSOCIATE. confirm 原语,而协调器的 MAC 层则向其上层发送一个 COMM-STATUS. Indication 原语,通报连接是否成功。

ASSOCIATE 服务的实现过程如图 2-19 所示。

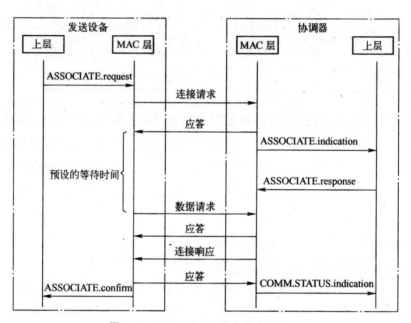

图 2-19 ASSOCIATE 服务的实现过程

(3)MAC 层帧结构

IEEE 802.15.4 标准的 MAC 层定义了信标帧、数据帧、确认帧和命令帧这 4 种基本帧结构。以下 3 个基本组成部分是所有帧都包含的:

①帧头(MAC Head,MHR),包含帧控制、序列号、地址等信息。

②MAC 负载,长度可变,由帧类型来决定具体内容,负载不被包含在确认帧中。

③帧尾(MAC Footer,MFR),包含帧校验序列(Frame Check Sequence,FCS)。

在这 3 个组成部分中,帧控制信息用于对帧中其他部分的说明;序列号表示所传送的数据帧和确认帧的序号,该数据帧传送成功的标志为,只有当确认帧的序列号与上次传送的数据帧的序列号一致;校验码序列是 16 位循环冗余校验(Cyclic Redundancy Check,CRC)码。

1)通用 MAC 帧结构

一个 MAC 帧由帧头、MAC 负载和帧尾构成。帧头中的各个域都以固定的顺序出现,但地址域未必会在所有帧中都出现。一个通用 MAC 帧的结构如图 2-20 所示。

2	1	0/2	0/2/8	0/2	0/2/8	变长	2
帧控制	序列号	目标网络标识	目标地址	源网络标识	源地址	帧负载	FCS
		地址域					
MHR						MAC负载	MFR

图 2-20　IEEE 802.15.4 MAC 层通用帧结构

2)信标帧结构

信标帧的负载域由超帧控制域、GTS 域、地址域和信标负载域这四个部分组成,信标帧的结构如图 2-21 所示。

2	1	4/10	2	变长	变长	变长	2
帧控制	序列号	地址域	超帧控制	GTS域	地址域	信标超载	FCS
MHR			MAC负载				MFR

图 2-21　IEEE 802.15.4 MAC 层信标帧结构

3)数据帧结构

数据帧用于传输上层所需传送的数据。数据帧的负载域包含了上层传递到 MAC 层的数据,称作 MAC 层服务数据单元。在该数据单元前后附加帧头和帧尾后,就形成了 MAC 层数据帧,如图 2-22 所示。

2	1	4/10	变长	1
帧控制	序列号	地址域	数据负载	FCS
MHR			MAC负载	MFR

图 2-22　IEEE 802.15.4 MAC 层数据帧结构

4)确认帧结构

数据帧发出之后,为了确认其是否被接收才有了确认帧。一个设备到底在何时需要回传一个确认帧,其实就是当其收到到目标地址为自身地址的数据帧且帧的确认请求控制位为1时。其中,要绝对保证确认帧的序列号与被确认帧的序列号的严格一致性,且负载长度为0。当被确认帧被确认帧在接收后会被立即发送出去,在整个过程中,不会再牵扯到CSMA/CA机制竞争信道。确认帧的结构如图2-23所示。

2	1	2
帧控制	序列号	FCS
MHR		MFR

图 2-23 IEEE 802.15.4 MAC 层确认帧结构

5)命令帧结构

命令帧用于网络的构建和同步数据的传输,设备与网络的连接、设备与协调器的数据交换以及同步时隙的分配等功能就是由其完成的,其帧结构如图2-24所示。

2	1	4/10	1	变长	2
帧控制	序列号	地址域	命令帧标识	命令负载	FCS
MHR			MAC负载		MFR

图 2-24 IEEE 802.15.4 MAC 层命令帧结构

6)超帧结构

IEEE 802.15.4 标准的 MAC 层协议允许使用超帧结构和无超帧结构。超帧结构用于星形拓扑,并且提供节点间的同步,以节约设备的能量。无超帧结构可以支持任意对等形拓扑结构。

超帧由"活动"阶段和"非活动"阶段组成,所有的通信均发生在"活动"阶段。因此,网络协调器及其所连接的设备在"非活动"阶段可以进入低功耗(睡眠)模式。"活动"阶段由16个等长的时隙组成。信标帧将会被网络协调器在第一个时隙内发送,也就意味着超帧的开始。在设备间的同步、网络的识别以及超帧结构的描述过程中都会用到信标帧。除了第一个时隙之外，在其他时隙均可开展终端设备与协调器之间的通信。进一步划分的话，"活动"阶段的时隙又可以分为竞争访问阶段（Contention Access Period，CAP）与非竞争访问阶段（Contention Free Period，CFP）。

在 CAP 阶段，各设备的接入是借助于标准的时隙 CAMA/CA 协议竞争信道来进行的。这意味着一个设备在发送数据帧之前必须先等待信标帧，然后才能随机选择一个时隙来传输数据。如果所选择的时隙处于繁忙状态，正在进行其他通信，该设备将随机选择另一个时隙。如果所选择的时隙是空闲的，则该设备将在此时隙进行数据的传送。

CFP 阶段是可选的，主要用于低延迟应用或要求特定数据速率的应用。为此，具体的设备会收到来自于网络协调器分配的"活动"阶段的部分时隙，这些时隙称为保证时隙（GTS），构成 CFP 阶段。每个 GTS 可以由多个时隙组成，并被分配给一个具体的设备，使其能够无竞争地访问这些时隙。

在任何情况下，网络协调器都会在 CAP 阶段为其他设备保留足够多的时隙，以管理设备与协调器的连接与拆除。还需注意的是，所有基于竞争的传输都必须在 CFP 阶段开始之前结束，而且每个在 GTS 内发送数据的设备也必须在其 GTS 内完成自己的数据传输。超帧结构如图 2-25 所示。

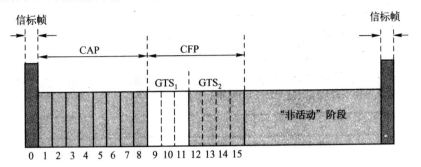

图 2-25　超帧结构

网络协调器可以选择避免使用超帧结构。在这种情况下，网络协调器不发送信标，所有的通信均都是在无时隙 CSMA—CA 协议的基础上完成的，网络协调器必须始终保持开启状态，随时准备接收来自终端设备的上行数据。下行数据传输则基于查询方式，终端设备会定期地唤醒，向协调器查询是否有待传数据消息。如果有待传数据消息，网络协调器将通过发送待传数据消息应答查询请求，否则发送声明无待传数据的控制消息。

2.5.2 ZigBee 协议标准

ZigBee 是基于 IEEE 802.15.4 协议标准的一种无线网络技术，具有短距离通信、低功耗、低数据速率、低成本、低复杂度的特点。在 ZigBee 协议标准中，IEEE 802.15.4 无线物理层所规定的全部优点均得到了很好地体现：能量消耗小、简单、易用、所需投入少；额外增加了逻辑网络、网络安全和应用层。ZigBee 协议标准主要用于以下场所：工业控制、消费性电子设备、汽车自动化、家庭和楼宇自动化、医用设备控制等。ZigBee 能够使用 2.4GHz 的 ISM 频段、欧洲的 868MHz 频段以及美国的 915MHz 频段，而不同频段能够使用的信道也不相同，分别为 16,1,10 个，在中国采用的是免申请和免使用费的频率——2.4GHz 频段。

为了满足低功耗、无线连接的监测和控制系统，才提出了 ZigBee 协议。该协议标准的维护工作是由 ZigBee 联盟来完成的。IEEE 802.15.4 是 ZigBee 协议的底层标准。即使在低速率数据传输中，无论是使用 ZigBee 还是使用 802.15.4 标准都没有任何问题，250Kbps 为其能够达到的最大速率，和其他无线技术比起来，该标准可以适用于传输距离相对较近的应用；在组建 WPAN 网络时，可以使用 ZigBee 无线技术，无论是数据的采集还是控制信号的传输均非常适用。ZigBee 技术的定位目标为低速率、复杂网络、低功耗和低成本应用。

1. ZigBee 协议栈

在满足低成本、低功耗和低数据率的前提条件下,还需要满足无线设备的互操作性,ZigBee 标准特定义了一种网络协议。IEEE 802.15.4 标准是 ZigBee 协议栈的基础。802.15.4 标准给出了 MAC 和 PHY 层的协议标准的定义。MAC 和 PHY 层完成了对射频以及相邻的网络设备之间通信标准的定义工作。ZigBee 协议栈在对网络层制定了相关规则的同时,还同时完成了应用层和安全服务层标准的制定,如图 2-26 所示。

(1)ZigBee 堆栈层

每个 ZigBee 设备都与公共类别或者是私有类别相关。设备的应用环境、设备类型以及用于设备间通信丛集的定义都是由这些类别给出的,此外还给出了设备的定义。不同供货商的设备在相同应用领域中的互通作业性可由公共类别得以确认。

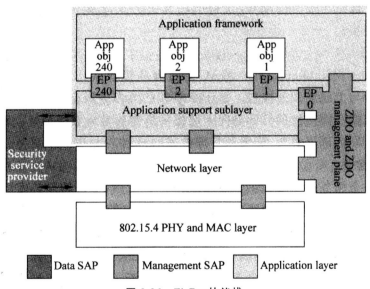

图 2-26　ZigBee 协议栈

设备的实现是以应用对象(Application Objects)的形式来进行的。每个应用对象都会与 ZigBee 堆栈的余下部分之间建立连接,整个过程是借助于一个端点来实现的,它们都是组件中可寻址的组件。

从应用的角度来看,通信完全可以看作是端点到端点的连接。端点之间通信的实现是在丛集的数据结构的基础上实现的。这些丛集从本质上来说就是应用对象之间共享信息所需的全部属性的容器,在特殊应用中使用的丛集不是凭空而来的,而是在类别中都预先完成了其定义的。在全部接口的帮助下,还可以实现接收(用于输入)或发送(用于输出)丛集格式的数据。其中,端点 0 和端点 255 为比较独特的端点。借助于端点 0 能够实现整个 ZigBee 设备的配置和管理。此外,通过端点 0 还可以实现应用程序与 ZigBee 堆栈的其他层通信的初始化和配置。所谓的 ZigBee 设备对象(ZDO)说白了就是附属在端点 0 的对象。如果说需要将一信息广播给所有端点的话,这时候就用到了端点 255。此外,还有两个保留端点:端点 241 到 254。

所有端点均可使用应用支持子层(APS)提供的服务。APS之所以能够适配不同但兼容的设备,是因为其透过网络层和安全服务提供层与端点相接,并能够提供数据传送、安全和固定服务。APS 用到了网络层(NWK)提供的服务。NWK 需要完成的工作比较多,例如在完成设备与设备之间的通信时,还需要完成网络中设备初始化所包含的活动、消息路由和网络发现。应用层对网络参数的配置和存取可以透过 ZigBee 设备对象(ZDO)来实现。

(2)802.15.4 MAC 层

低速率无线个人局域网(LR-WPAN)中的 OSI 模型开始的两层,是由 IEEE 802.15.4 标准完成其定义工作的。PHY层给出了无线射频应该具备的特征,基于此,能够支持两种不同的射频信号,它们分别为位于 2450MHz 波段和 868/915MHz波段。MAC 层还负责完成相邻设备间的单数据通信工作。MAC 除了需要完成设立与网络的同步工作之外,还负责支持关联、取消关联以及 MAC 层安全;两设备之间的可靠连接也可由它来提供。

（3）服务接取点

ZigBee 堆栈的不同层与 802.15.4 MAC 之间有效通信的建立需要借助于服务接取点（SAP）来完成。归根到底，SAP 就是一个接口，其存在于某一特定层提供的服务与上层之间。数据实体接口和管理实体接口存在于 ZigBee 堆栈的大多数层中。数据实体接口是为了满足向上层提供所需的常规数据服务而存在的。向上层提供存取内部层参数、配置和管理数据的机制为管理实体接口的存在宗旨。

（4）ZigBee 安全性

为了满足对安全的需要，特有安全服务提供层。在实际应用中，对系统整体安全性的定义是由类级别完成的，也就是说某一特定网络中具体要达到什么样类型的安全是由它来确定的。每一层（MAC、网络或应用层）均应当受到保护，为了减少存储数据所要占用的空间及减少计算量，它们之间可以共享安全密钥。要求首先完成先进加密标准（AES），才可以进行 SSP 的初始化和配置才能在 ZD0 的基础上进行。ZigBee 规格给出了信任中心的用途。在网络中，信任中心就是分配安全密钥的让人有安全感的一种设备。

（5）ZigBee 堆栈容量和设备

在单一网络中，ZigBee 标准规定可以容纳的节点数量最多为 65535，这些 ZigBee 网络节点可以分为以下三类。

①Co-ordinator：跟具体使用哪种拓扑方式无关，总要有一个 Co-ordinator 节点且仅有一个存在于 ZigBee 网络中。通常情况下，在网络层，Co-ordinator 上仅仅是在系统初始化时起到重要的作用，一旦网络初始化工作完成，Co-ordinator 节点的关闭就不会对网络的正常工作造成任何影响。也有特殊情况，比如在星形网络的拓扑结构中，Co-ordinator 节点除了能够初始化网络还负责提供路由路径的话，故需要其一直处于工作状态无法将其关闭。相应地，在应用层，Co-ordiantor 节点需要一直处于工作状态才能够提供服务。

在网络层,Co-ordinator 的任务是,选择网络所使用的频率通道,往往最安静的频率通道会是理想选择;将其他节点加入网络;开始运行;信息路由、安全管理及其他服务也可由 Co-ordinator 节点来提供。

②Router:此类型的节点只有 ZigBee 网络采用了树形拓扑结构和星型拓扑结构后才会用得到。

Router 类型节点需要完成以下任务:节点之间的信息转发工作;子节点如果想加入网络中的话可以借此来实现。最关键需要注意的一点是,Router 节点要一直处于持续工作状态无法进入休眠状态。

③End Device:信息的发送和接收为 End Device 节点的主要任务。为了减少能量消耗,在没有数据需要收发时,End Device 点就会处于休眠状态,这是因为其能量是由电池提供的。End Device 节点所提供的功能非常有限,除了收发数据外,无法转发信息也不能够让其他节点加入网络。

2. ZigBee 协议的消息格式及帧格式

(1)消息格式

一个 ZigBee 消息的组成部分包括以下几个。

MAC 报头:当前被传输消息的源地址及目的地址均包含在该报头中。该地址会因消息被路由而被认为可能不是实际地址,应用代码是感觉不到该报头的产生及实用。

NWK 报头:报头中无论是消息的实际源地址还是消息的最终的目的地址都会被包含在该报头中,区别于 MAC 报头,该报头的产生及实用对应用代码来说不是透明的。

APS 报头:在该报头中包含了配置 ID、簇 ID 及当前消息的目的终端。和 MAC 报头保持一致,应用代码也是感觉不到报头的产生及使用的。

APS 有效载荷:其中包含了待应用层处理的 ZigBee 协议帧。

（2）ZigBee 协议帧格式

在 ZigBee 协议中,定义了两个特殊的帧格式:KVP 关键值对和 MSG 消息帧。

KVP:为了使数据传输格式和内容得以规范,使 ZigBee 规范特定义了该帧,主要用于传输较简单的变量值格式中。

MSG:是 ZigBee 规范定义的特殊数据传输机制,常用于专用的数据流或文件数据等数据量较大的传输中,没有过多地干涉数据传输格式和内容。

KVP 帧是一种专用的、规范程度比较高的信息格式,采用键值对的形式,其是按照预先设定的格式完成数据的传输的。一个简单的属性变量值的传输是使用得比较多;而在多信息、复杂信息的传输中 MSG 帧使用的比较多,这是因为其没有对数据做过多的约束。KVP、MSG 是通信中的两种数据格式。根据具体应用的配置文件(Profile),这两种数据格式使用的范围不同,KVP 一般用于简单属性数据,MSG 用于较复杂、数量庞大的信息。

（3）寻址及寻址方式

1）ZigBee 协议中的两类地址

在 ZigBee 网络协议中,每个节点均是由 64 位的 IEEE MAC 地址和 16 位网络地址这两个地址构成的。在一个使用 ZigBee 协议通信的设备中存在着全球独一无二的一个 64 位的 MAC 地址,由 24 位 OUI 与 40 位厂家分配地址共同构成了该地址。之所以能够保证 MAC 地址的全球唯一性,主要是因为,是由 IEEE 完成 OUI 分配的,且是需要收费的。

当设备执行加入网络操作时,与其他设备之间的通信需要借助于自己的扩展地址来完成。加入 ZigBee 的设备会收到来自于网络分配的一个 16 位的网络地址。设备在收到网络分配给的网络地址后,即可建立与网络中的其他设备之间的通信。

2）寻址方式

单播:一个消息若想被以单播方式传输的话,需要知道目的节点的地址,故接收设备的地址需要包含于数据包的 MAC 报头中。

广播:只有信息包 MAC 报头中的目的地址域被置为 0xFF 后,该消息才会被广播出去。之后,此消息才会被广播到所有射频收发终端。

该寻址方式还可以用于加入一个网络、查找路由及执行 ZigBee 协议的其他查找功能中。ZigBee 协议在面对广播信息包是,采取的是一种被动应答模式。即若一个设备产生或转发一个广播数据包时,所有邻居的转发情况都会被该设备侦听的到。若在应答时限内,数据包未被所有的邻居复制的话,设备就会一直复制转发该信息包,直到设备能够侦听到该信息包已被所有邻居转发或广播传输时间被耗尽为止。

(4)数据传输机制

对于非信标网络,设备是没有办法任意发送数据帧的,而仅仅是在检测到信道为空后才会发送。

若目的设备为 FFD(全功能设备),为了方便接收来自于其他设备传来的数据,其接收器将不会再关闭而是始终保持开启状态。若设备为 RFD(精简功能设备),没有任何操作时,设备收发器将不会始终保持开启状态,之所以这么做是为了降低能量消耗。此时,所有数据都无法被 RFD 设备接收。因此,其他设备若想要请求或发送数据时,只能借助于 RFD 的 FFD 父节点来实现。直到 RFD 上电 RX 收发器后,父节点就会收到来自于子节点的对信息数据的请求,若发给子节点的信息刚好存在于父节点缓冲区,则子节点就会收到该信息。在该模式中,RFD 的能量消耗得以有效降低,为了方便子节点缓冲信息,要求相应的 FFD 父节点的 RAM 空间足够大。如果在规定时间内,信息会因子节点没有发出请求而发生丢失的现象。

(5)ZigBee 无线网络的形成

首先,ZigBee 协调器负责完成一个新的 ZigBee 网络的建立工作。在最初阶段,只有在允许的通道内,ZigBee 协调器才可以搜索其他 ZigBee 协调器。为了建立自己的网络,需要从在每个允许通道中检测出的通道能量及网络号中选择唯一的 16 位 PAN ID。一旦建立好新的网络后,ZigBee 路由器与终端设备就会自动添加到网络中。网络形成后,发生网络重叠及 PAN ID 冲突的可能性就会在无形之中得以提高。协调器可以初始化 PAN ID 冲突解决程序,改变一个协调器的 PAN ID 与信道,同时其所有的子节点是无法处于原状的,也需要面对被修改的命运。通常情况下,一个非易失性的存储空间——邻居表,是 ZigBee 设备存储网络中其他节点信息的位置。加电后,若子节点曾加入过网络,为了将先前加入的网络锁定,该设备会执行孤儿通知程序。一旦一个设备收到孤儿通知程序的话,它就会对其邻居表进行检查,还要确定设备是否是其子节点,如果是,设备发出的其在网络中位置的通知就会被被子节点收到,否则子节点将作为一个新设备来加入网络。而后,子节点将产生一个潜在双亲表,其加入到现存的网络是以尽量合适的深度进行的。

3. ZigBee 网络拓扑

星形、树形和网状这三种网络拓扑形式均可在 ZigBee 网络中实现,星形拓扑包含一个 Co-ordinator 节点和一系列的 End Device 节点,如图 2-27 所示。

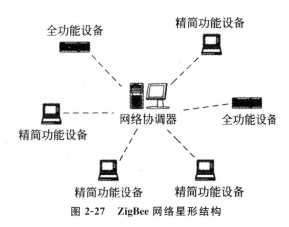

图 2-27　ZigBee 网络星形结构

只有 Co-ordinator 节点才能建立与 End Device 节点之间的通信。为了实现两个 End Device 节点之间的通信,信息的转发需要借助于 Co-ordinator 节点来实现。这种拓扑形式的缺点显而易见,是节点之间的数据路由只能借助于一条路径来实现且该路径是唯一的,Co-ordinator 有可能成为整个网络的瓶颈。鉴于 IEEE 802.15.4 的协议层就已经实现了星形拓扑形式,故星型网络拓扑结构的实现无需借助于 ZigBee 的网络层协议,但开发者仍需在应用层做大量工作。

一个 Co-ordinator 以及一系列的 Router 和 End Device 节点均包含在树形拓扑结构中。一系列的 Router 和 End Device 的连接可借助于 Co-ordinator 节点来实现,其子节点的 Router 也可以实现一系列 Router 和 End Device 的连接。这样可以重复多个层级。

树形拓扑中的通信规则:①每一个节点并不能与所有的节点建立通信,只能与其父节点和子节点建立通信;②若相关信息需要完成从一个节点到另一个节点的传递,一般不是直接从该节点到目的节点的,而是需要循着树的路径借道最近的祖先节点在传递给目标节点即可。

在该拓扑方式中,缺点是只有一个信息的路由通道,是由协议栈完成对另外信息路由的处理的,应用层是感觉不到整个的路由过程的存在的。

由一个 Co-ordinator 和一系列的 Router 和 End Device 共同构成了 Mesh 拓扑。Mesh 拓扑的形式类似于树形拓扑的形式。但是,网状网络拓扑的信息路由规则具有更加强大的自由度,路由节点之间的直接通信是极有可能发生的。在该路由机制中,信息通信效率更高,也就是说信息的传输不会因一条路由路径出现问题而无法进行,这时就需要其他的路由路径了,网状拓扑的示意图如图 2-28 所示。

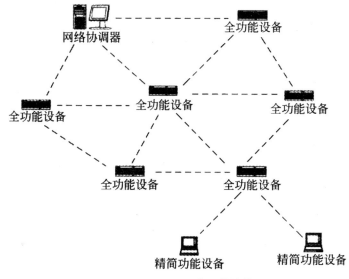

图 2-28　ZigBee 网络网状结构

参考文献

[1]郑军,张宝贤.无线传感器网络技术[M].北京:机械工业出版社,2012.

[2]王汝传,孙力娟.无线传感器网络技术导论[M].北京:清华大学出版社,2012.

[3]于宏毅,李鸥,张效义.无线传感器网络理论、技术与实现[M].北京:国防工业出版社,2010.

[4]周贤伟.无线传感器网络与安全[M].北京:国防工业出版社,2007.

[5]张志博.车载无线传感器网络组播关键技术研究[D].北京:北方工业大学,2014.

[6]迁华斐.基于 Zigbee 和 ARM 的智能家居系统的设计[D].大庆:东北石油大学,2011.

[7]韦东丽.基于群智能算法的 WSN 路由技术研究[D].广州:广东工业大学,2012.

[8]徐卫军.无线传感器网络分簇路由协议研究与应用[D].大连:大连理工大学,2012.

[9]王叶群等.一种跳频 MAC 协议的自适应机制[J].西安电子科技大学学报,2013(05).

[10]范书平.一种改进 LKH 的组播密钥管理方案[J].计算机工程与应用,2010(35).

第3章 无线传感器网络的定位、跟踪与时间同步技术

　　区别于传统计算机网络,无线传感器网络有着自己的特点。硬件资源和电源容量有限是其最显著的特征,对无线传感器网络各项技术的研究都要考虑这个问题。本章从网络定位技术、目标跟踪技术及时间同步技术入手探讨了无线传感器网络中研究的热点问题。

3.1　无线传感器网络定位技术

3.1.1　无线传感器网络定位技术简介

1.传感器节点定位的内涵

　　在无线传感器网络中,若一个节点知道自己的位置,该节点就是信标节点(beacon node),否则的话,该节点就是未知节点(unknown node)。在无线传感器网络中,信标节点仅占全部节点的很少一部分,其余均为未知节点。信标节点若想要知道自己的精确位置的话,可借助于携带 GPS 定位设备等技术手段来实现。另外,信标节点跟未知节点之间并不是毫无瓜葛,因为信标节点还是未知节点定位的参考点。除了可以借助于一定的技术手段来获知自身位置的信标节点外,在信标节点位置信息的基础上,按照一定的规则未知节点也可以获知自身位置。在如图 3-1 所示的传感器网络中,M 代表信标节点,S 代表未知节

点。S 节点为了获得自身位置,可以建立与邻近 M 节点或已经得到位置信息的 S 节点之间的通信,再借助于相关定位算法即可。

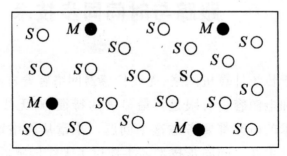

图 3-1 信标节点和未知节点

2. 计算节点位置的方法

传感器节点定位过程中,未知节点无论是在获得对于邻近信标节点的距离还是在得出邻近的信标节点与未知节点之间的相对角度之后,其自身位置的计算常常可以借助于三边测量法、三角测量法、极大似然估计法来实现。

3. 定位算法分类

在 WSN 中,可以从两个角度来对定位算法进行分类,具体可分为:

(1)基于距离的定位算法和距离无关的定位算法

在定位过程中,为了获知未知节点的位置,定位算法按照是否需要测量实际节点间的距离可分基于距离的(range-based)定位算法和距离无关的(range-free)定位算法。在前一方法中,未知节点位置的计算需要借助于节点间的实际距离,而节点的实际距离就需要借助于测量相邻节点间的绝对距离或方位来实现了;在后一方法中,计算节点的位置时,无需测量节点间的绝对距离或方位,仅利用节点间的估计距离即可。下面对各种定位算法的介绍就以此种分类为线索来进行。

（2）基于信标节点的定位算法和无信标节点的定位算法

在定位过程中，为了获知未知节点的位置，定位算法按照是否使用信标节点可以分为基于信标节点的（beacon-based）定位算法和无信标节点的（beacon-free）定位算法。在前一方法中，信标节点扮演着参考点的角色，在参考信标节点后即可获得各节点的定位，从而得出整体绝对坐标系统；在后一方法中，重点关注的对象为节点间的相对位置，牵扯不到信标节点，参考点实际上就是各节点自身，将邻近的节点纳入自己定义的坐标系中，相邻的坐标系得以合并形成，最后可以生成整体相对坐标系统。

3.1.2　基于测距的定位技术

在完成节点之间距离的测量后，基于测距的定位技术会根据几何关系将网络结点位置计算出来。解析几何里，一个点位置的确定可以有多种方法来实现。多边定位和角度定位为比较常用的方法。这里重点介绍通过距离测量的方式，来计算传感器网络中某一未知位置的结点坐标。

1. 测距方法

在该方法中，只有测量得出结点与邻居节点之间的距离或者是角度信息之后，才可以做定位算法计算。目前，常用的测距方法及其特点分析如下：

（1）接收信号强度指示（RSSI）

RSSI 测距的原理如下：接收机与发送机之间距离的确定需要借助于测量射频信号的能量来实现。无线信号的发射功率和接收功率之间的关系如式（3-1），其中 P_R 是无线信号的接收功率，P 是无线信号的发射功率，r 是收发单元之间的距离，n 传播因子，其中，由无线信号传播的环境进一步决定了无传播因子数值的大小。

$$P_R = \frac{P_T}{r^n} \qquad (3\text{-}1)$$

在上式两边取对数,可得

$$10 \cdot n\lg r = 10\log \frac{P_T}{P_R} \qquad (3\text{-}2)$$

由于网络结点的发射功率是已知的,将发送功率带入上式,不难得出

$$10\lg P_R = A - 10 \cdot n\lg r \qquad (3\text{-}3)$$

上式的左半部分 $10\lg P_R$ 是接收信号功率转换为 dBm 的表达式,可以直接写成

$$P_R(\text{dBm}) = A - 10 \cdot n\lg r \qquad (3\text{-}4)$$

这里 A 可以看作信号传输 1m 时接收信号的功率。式(3-4)可以看作接收信号强度和无线信号传输距离之间的理论公式,它们的关系如图 3-2 所示。从理论曲线可以看出,在整个传播过程中,无线信号的信号衰减在近距离上衰减的速度非常快,随着距离的不断变远,信号的衰减呈缓慢线性进行。

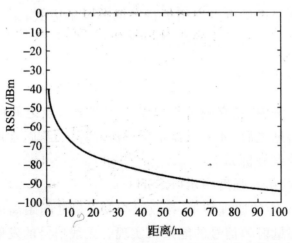

图 3-2　无线信号接收强度指示与传播距离之间的关系

由于该方法的实现无需借助于过多其他技术,故已得到了广泛应用。在使用过程中,为了尽可能地提高精度,降低接收端产生的测量误差,要尽可能地避免遮盖或折射的发生。

（2）到达时间/到达时间差（ToA/TDoA）

此类方法的精度还是比较让人满意的,两节点之间距离的估算可借助于测量传输时间来实现。然而,在使用该方法时,却要求传感器节点的 CPU 计算能力尽可能地强大才可以,这是因为无线信号的传输速度非常快,就算是时间测量上的很小误差也会使测量精度大打折扣。射频、声学、红外和超声波信号等多种信号,均可考虑使用这两种基于时间的测距方法。

在 ToA 机制中,如果信号的传播速度是已知的话,则结点间距离的计算可根据信号的传播时间来完成。图 3-3 为 ToA 测距原理的过程示例,采用伪噪声序列信号作为声波信号,为了测量节点之间的距离可在声波传播时间的基础上来实现。

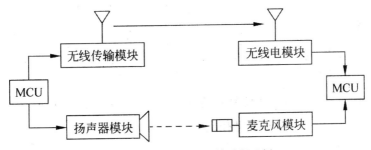

图 3-3 ToA 测距原理的过程示例

假设两个结点预先实现了时间同步,发送结点在发送伪噪声序列信号的同时,接收结点会收到来自于无线传输模块借助于无线电同步消息发来的伪噪声序列信号发送时间的通知,在伪噪声序列信号被接收结点的麦克风模块检测到之后,借助于声波信号的传播时间和速度来可以将结点间的距离计算出来。在完成多个邻近信标结点位置的计算后,节点自身位置的计算可借助于三边测量算法和极大似然估计算法来实现。

此处,为了完成时间测量,ToA 使用了声波信号,由于声波频率低,速度慢,结点硬件的成本和复杂度的要求因此受到的影响几乎可以忽略不计,然而该方法唯一不足之处是,大气条件容易影响到声波的传播速度。ToA 算法的定位精度高,相应地,要求结点间的时间同步要保持尽可能高的精确度,故就不得不提高对传感器结点的硬件和功耗要求。

在基于 TDoA 的定位机制中,会有两种不同传播速度的信号被发射结点同时发射出去,借助于两种信号到达接收结点的时间差以及这两种信号的传播速度,两结点之间的距离即可被有效求出。

麻省理工学院的板球室内定位系统(The Cricket Indoor Location System)就是根据 TDoA 的定位原理来实现的,它能够有效确定结点位于大楼内的具体房间位置,无论该结点是移动的还是静止的。在该系统中,在所有的房间内都会安装信标结点,其会按照预先设定的规则同时发射无线射频信号和超声波信号。在信标节点发射的信号中,信标结点的位置信息包含在无线射频信号中,而超声波信号并不具备重要意义,仅仅是单纯的脉冲信号。

在实际应用过程中,在无线射频信号被未知信号接收后,未知信号会立刻将超声波信号接收机打开,之所以会出现这种情况,是因为超声波的传播速度是无法跟无线射频信号的传播速度相提并论的。未知结点为了计算出和该信标节点之间的距离,可在两种信号的间隔和各自的传播速度基础上进行,然后通过比较各个邻近信标结点之间的距离,从而选择出离自身最近的信标结点,其自身房间的位置可以从该信标结点广播的信息中得出。

TDoA 技术的测距误差小,故其具有的精度也比较高。此外,在 TDoA 技术中,需要实现更多的计算才能完成未知结点的定位,故对结点的硬件要求也就比较高,于是无线传感器网络就不得不面对这一挑战。

2. 多边定位

在距离测量(如 RSSI、ToA/TDoA)的结果上,才有了多边定位法。至少需要有三个结点至锚点的距离值,才能实现二维坐标的确定;要具备四个此类测距值,才能确定三维坐标。

假定已知信标锚点 $A_1, A_2, A_3, A_4, \cdots$ 的坐标依次分别为 $(x_1, y_1), (x_2, y_2), (x_3, y_3), (x_4, y_4), \cdots$，即各锚点位置为 (x_i, y_i)，$i = 1, 2, 3, \cdots$。如果待定位节点的坐标为 (x, y)，并且它至各锚点的测距数值 d_i 是已知的，可得

$$\begin{cases} (x_1 - x)^2 + (y_1 - y)^2 = d_1^2 \\ \vdots \\ (x_n - x)^2 + (y_n - y)^2 = d_n^2 \end{cases} \tag{3-5}$$

其中，(x, y) 为待求的未知坐标，将第前 $n-1$ 个等式减去最后等式：

$$\begin{cases} x_1^2 - x_n^2 - 2(x_1 - x_n)x + y_1^2 - y_n^2 - 2(y_1 - y_n)y \\ = d_1^2 - d_n^2 \\ \vdots \\ x_{n-1}^2 - x_n^2 - 2(x_{n-1} - x_n)x + y_{n-1}^2 - y_n^2 - 2(y_{n-1} - y_n)y \\ = d_{n-1}^2 - d_n^2 \end{cases} \tag{3-6}$$

用矩阵和向量表达为形式 $Ax = b$，其中：

$$A = \begin{bmatrix} 2(x_1 - x_n) & 2(y_1 - y_n) \\ \vdots & \vdots \\ 2(x_{n-1} - x_n) & 2(y_{n-1} - y_n) \end{bmatrix},$$

$$b = \begin{bmatrix} x_1^2 - x_n^2 + y_1^2 - y_n^2 + d_n^2 - d_1^2 \\ \vdots \\ x_{n-1}^2 - x_n^2 + y_{n-1}^2 - y_n^2 + d_n^2 - d_{n-1}^2 \end{bmatrix}$$

根据最小均方估计（Minimum Mean Square Error，MMSE）的方法原理，可以求得解为：$\hat{x} = (A^TA)^{-1}A^Tb$，当矩阵求逆不能计算时，就无需再考虑此方法，否则可成功得到位置估计。从上述过程可以看出，这种定位方法本质上就是最小二乘估计。

3. Min-max 定位方法

多边定位法的浮点运算量大，计算代价高。Min-max 定位

在若干锚点位置和至待求结点的测距值的基础上,实现了多个正方形边界框的创建,所有边界框的交集为一矩形,待定位结点的坐标即为此矩形的质心。这种定位方法计算简单,基于此后人衍生出了自己的定位方案。

采用三个锚点进行定位的 Min-max 方法示例如图 3-4 所示,为了得出锚点 i($i=1,2,3$)的边界框:$[x_i-d_i,y_i-d_i]\times[x_i+d_i,y_i+d_i]$,要以此锚点的坐标($x_i,y_i$)为出发点,在此基础上加上或减去测距值 d_i 即可。

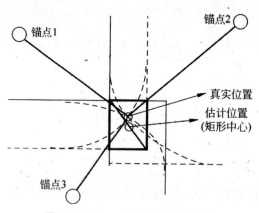

图 3-4　Min-max 法定位原理示例

在所有位置点 $[x_i+d_i,y_i+d_i]$ 中取最小值、所有 $[x_i-d_i,y_i-d_i]$ 中取最大值,则交集矩阵形取作: $[\max(x_i-d_i),\max(y_i-d_i)]\times[\min(x_i+d_i),\min(y_i+d_i)]$。三个锚点共同形成交叉矩形,所求结点的估计位置就是矩形质心。

3.1.3　无需测距的定位技术

不难理解,无需测距的定位技术无需直接测量距离和角度信息。它不是通过测量结点之间的距离,而是仅根据网络的连通性确定网络中结点之间的跳数,同时在已知位置参考结点的坐标等信息的基础上,将每一跳的大致距离估计出来,然后结点在网络中的位置即可被估算出来。尽管这种技术实现的定位精度相对较低,不过某些应用的需要仍然能够得到满足。

与距离无关的定位算法中,由于可以不对结点间的绝对距离或方位进行测量,使传感器节点无需进行相关计算,故可以不用对传感器节点硬件或软件提出额外要求。目前,无需测距的定位计算主要有以下两类:一类是先将未知结点和锚点之间的距离估算出来,然后借助于多边定位等方法完成其他结点的定位;另一类是在邻居结点和锚点的基础上使包含未知结点区域得以确定下来,然后将这个区域的质心作为未知结点的坐标。下面重点介绍质心算法和 DV-Hop 算法。

1. 质心算法

我们知道,在计算几何学里多边形的几何中心称为质心,多边形顶点坐标的平均值就是质心结点的坐标。假设多边形定点位置的坐标向量表示为 $p_i = (x_i, y_i)^T$,则这个多边形的质心坐标 $(\overline{x}, \overline{y})$ 为

$$(\overline{x}, \overline{y}) = \left(\frac{1}{n} \sum_{i=1}^{n} X_i, \frac{1}{n} \sum_{i=1}^{n} Y_i \right) \tag{3-7}$$

例如,如果四边形 ABCD 的顶点坐标分别为 (x_1, y_1),(x_2, y_2),(x_3, y_3),(x_4, y_4),则其质心坐标计算如下:

$$(\overline{x}, \overline{y}) = \left(\frac{x_1 + x_2 + x_3 + x_4}{4}, \frac{y_1 + y_2 + y_3 + y_4}{4} \right) \tag{3-8}$$

这种方法的计算与实现几乎没有任何难度,根据网络的连通性确定出目标结点周围的信标参考结点,可以直接求出信标参考结点构成的多边形质心。

在质心算法中,邻近节点会周期性地收到来自于锚点发来的广播分组信息,其中锚点的标识和位置均包含在该信息中。当来自不同锚点的分组信息数量被未知节点接收并超过某一门限或在接收一定时间之后,这些锚点所组成的多边形的质心即可被计算出来了,作为确定出自身位置。实际上,质心算法实现

起来还是比较简单的,这是因为该算法完全基于网络连通性,无需锚点和未知结点之间的协作和交互式通信协调。

质心定位算法虽然实现简单、通信开销小,但仅能实现粗粒度定位,希望信标锚点具有较高的密度,各锚点部署的位置也会影响到定位效果。

2. DV-Hop 算法

基于距离矢量路由协议的原理,DV-Hop 算法能够在全网范围内实现跳数和位置的广播,很好地解决了低锚点密度引发的问题。每个结点设置一个至各锚点最小跳数的计数器,计数器的更新是在接收消息的基础上进行的。锚点的坐标位置将被广播出去,当新的广播消息被结点接收时,如果存储的数值大于跳数的话,则该跳数将会被更新并转播。该原理在不定型算法中也得以应用,在全网内锚点坐标被洪泛,到锚点的跳数被结点维护,在接受的锚点位置和跳数的基础上可以实现结点自身位置的计算。

3.2 无线传感器网络目标跟踪技术

3.2.1 概述

为了满足相关应用的需要,跟踪运动目标可以说是无线传感器网络需要具备的一种基本功能。实际上,跟踪、定位运动目标对传感器网络来说实现起来非常容易,之所以这么说是基于以下两点来考虑的:①传感器节点体积小,其通信方式并没有采用传统的有线通信而是无线通信,这样的话就方便了传感器节点的随机部署;②整个传感器网络具有如自组织性、鲁棒性和隐蔽性等特点。

在实际应用中,由于技术的局限性导致传感器节点的硬件资源非常有限,其周围环境即使是发生很小的变化也会影响到传感器节点的性能,也易干扰到无线链路,使得网络拓扑结构无法处于静止之中而常常会处于动态变化中,而较强的实时性要求也是传感器网络的目标跟踪应用需要满足的,鉴于此,在传感器网络中许多传统的跟踪算法不再适用。传感器网络的跟踪算法必须尽可能要基于局部信息计算目标的位置和运动轨迹来设计;为了满足网络进行动态变化的要求,传感器网络的跟踪算法要具有鲁棒性,这样才能使网络实现动态变化的要求得以满足,最终使跟踪数据和计算结果的实时传输得以实现。

其中,判断目标出现与否的依据为,传感器网络根据网络中节点的侦测信号来进行。如果判断目标出现的话,目标在相关时间内的运动轨迹也需要判断出来。为了确定目标运动的轨迹,且将得出的目标运动轨迹信息传递给网络用户,需要传感器网络中的传感器节点能够实现侦测数据的处理,这就需要按照相关任务的需要及综合本身条件来选择最佳的计算算法,整个过程仅仅依靠一个或两个传感器节点很难实现,这就需要借助于其他多个节点的帮助来协同工作。

从以上介绍可以看出,仅仅依靠单个节点是无法实现传感器网络的目标跟踪的,此时需要多个节点的协作。在受限于多个因素,单个节点独立对目标进行跟踪结果的精确度跟通过节点间相互协作进行跟踪的精确度差别非常明显。传感器网络协作跟踪技术并不仅仅是单个节点跟踪技术的累加,还有以下问题需要解决:如何实现数据信息的共享、协作处理数据和对参与跟踪的节点组进行相关管理等,需要根据相关应用需求、网络环境等来确定这些问题,具体来说这些问题体现在以下几个方面:

①是由哪些结点来负责跟踪工作;

②什么时候唤醒参与跟踪的节点最合适;

③跟踪信息的传播方式和范围;

④怎样才能实现跟踪数据到控制节点之间的传递;

⑤节点需要耗费多久才能完成通信等。

按照跟踪对象的数量多少来进行分类,传感器网络的目标跟踪可以分为单目标跟踪和多目标跟踪;按照目标形状之间的差异,传感器网络的目标跟踪可以分为点目标跟踪和面目标跟踪;按照传感器节点的运动方式之间的差异,传感器网络的目标跟踪可以分为静态目标的侦测和移动目标的跟踪。

不难理解,跟踪的目标只有一个的就是单目标跟踪。侦测数据会在传感器节点之间能够有效进行侦测数据的交换,从而使目标位置和运动轨迹基于此得以确定下来,这样一来,目标运动方向的预测也就轻而易举地实现了,其还能够在预先设置的唤醒机制的基础上,及时唤醒目标运动方向上的节点从而将其加入到跟踪过程中。多目标跟踪技术是建立在单目标跟踪的基础上的。目前,由于种种因素的限制,导致目标跟踪技术主要集中在单目标跟踪上。接下来介绍的就是单个面目标跟踪就是单目标跟踪。

3.2.2 协作跟踪过程

近些年来,人们对无线传感器网络的应用开展了大量研究工作,且取得了可观的研究成果,尤其是近些年来,大量新的解决方案和思想[1]在目标跟踪的研究领域得以提出。但是,总体上来说,在该领域可做的研究工作还很多,除了将跟踪算法做重点研究对象之外,以下几个方面也可做重点研究:量化评价算法性能的标准;建立标准的仿真实验系统来模拟目标跟踪系统;基于相关研究成果,对拥有着庞大数量节点的传感器网络进行研究,以期使跟踪系统得以低成本(时空、能耗、价格等)和高精度的实现,在不同的网络环境下,实现高精度、低能耗、自适应的目标定位算法的研究,结合数据融合技术,降低系统内冗余数据

---

① 李善仓,张克旺.无线传感器网络原理与应用[M].北京:机械工业出版社,2008:187

度,提高资源利用率,在用户需求得以满足的情况下,尽可能地提高系统的总体性能。

检测、定位、和通告三个阶段共同构成了无线传感器网络的目标跟踪,每个阶段用到的技术也不相同。在检测阶段,为了检查跟踪目标出现与否,相关检测手段可从红外检测、超声波检测、声音检测、振动技术检测等中进行选择;定位阶段,在多个传感器节点协作的基础上即可实现目标当前位置和状态的确定,常用的定位手段有三角测量、双元检测、最新的基于流行学习算法,目标的位置可借助于这些定位手段来确定,目标状态和轨迹可依据目标数据的记录信息得出;通告阶段,在此阶段,节点之间会相互交换各自的信息,节点对目标的状态检测和轨迹预测的信息会被广播给周围阶段或者是周围的 sink 节点,对其他节点的建议和预测信息也包括在内,通知和启动轨迹附近节点加入目标跟踪的过程,由于篇幅所限,下面仅对跟踪算法进行详述。

3.2.3　面目标跟踪算法——对偶空间转换跟踪算法

传感器网络跟踪中,常见的是如森林火灾中火灾边缘的推进轨迹、台风的行进路线等对面积较大目标的跟踪。在这种情况下,对完整的目标移动轨迹的侦测仅通过局部节点的协作是无法实现的,鉴于此,为了确认能够完成侦测目标移动轨迹,使用对偶空间转换方法决定由哪些节点参与跟踪可以说是不错的选择。

1. 对偶空间转换

对初始二维空间的直线 $y = \alpha x + \beta$ 进行综合考虑,可以发现该直线得以唯一确定下来仅需借助 α 和 β 两个参数即可,其中 α 表示斜率,β 表示截距。在初始空间的对偶空间中用点 $(-\alpha, \beta)$ 将定义这条直线的两个参数表示出来。同样地,对偶空间中的一条直线 $\Phi = a\theta + b$ 可由初始空间中的点 (a, b) 来进行定义。此关系为一一映射关系,如图 3-5 所示。

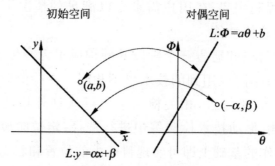

图 3-5　初始空间与对偶空间的映射关系

如果说面积较大的目标被看作是一个半平面的话,则其边界可借助于一条直线来表示。经过以下两个步骤之后才可以实现对偶空间的变换:

①在每个传感器节点与对偶空间中的一条直线之间实现映射关系的建立。

②建立目标的边界和对偶空间中的一点之间的映射关系。

借助于对偶空间变换,在初始空间中分布毫无规律可循的传感器节点在对偶空间中就会成为许多相交的直线,这些相交的直线使得对偶空间被划分为众多子区域,而跟踪目标的边界映射到对偶空间中不再是一条线而是一个点,并处于某个子区域中,如图 3-6 所示。其中,离目标最近的传感器节点也就是这个子区域保持对应的几条相交直线,如若想得到需要的跟踪节点,再对初始空间完成逆变换即可。

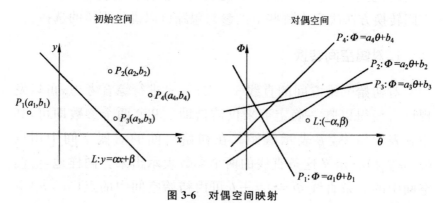

图 3-6　对偶空间映射

借助于对偶跟踪法,跟踪问题可以转换为在对偶空间中,将包括目标边界映射点的子区域查找出来。映射点随着目标的移动不再位于原子区域而是会移动到其他子区域,为了实现跟踪工作的进一步开展,就不得不唤醒新区域中的节点,在此过程中,在原有区域中进行跟踪工作的结点将会暂停跟踪工作进入休眠状态。

2. 对偶空间跟踪算法

假如一个传感器节点对其是否处于跟踪目标的半平面内非常清楚的话,若它刚好位于该半平面内会将自己标记为 0,否则标记为 1。如图 3-7 所示,假设 (x_1, y_1)为节点 P_1 的坐标,$y = ax + b$ 为目标边缘 L 的方程,由于直线 L 在点 P_1 的下方,因此有:

若节点 P_1 和直线 L 同时实现与对偶空间之间映射关系的建立后,P_1 对应直线 $y = x_1 x + y_1$,对应坐标点 $(-a, b)$,因此有:

$$b < (-x_1 a + y_1)$$

即在对偶空间中,直线 L 在点 P_1 的上方。此计算在全部节点都进行,一组线性不等式就会在此基础上得出,基于此,目标映射点在对偶空间中的子区域即可得以有效计算出来。

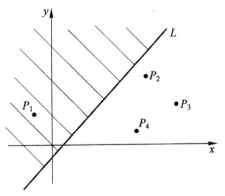

图 3-7　节点与目标边缘关系

对偶空间跟踪算法很好地体现了集中式思想,一个计算中心除了负责计算当前需要的跟踪节点之外,还负责向这些节点发出指令的工作。并不是所有的传感器节点都会被激活,具体激活的仅限于那些包含映射点的传感器节点。在由任意多个传感器节点形成的任何直线集合中,确定一个子区域的平均直线数量至多是4,这点的证明可以借助于数据方法来进行。故在对偶空间跟踪算法中,跟踪任务的完成仅有较小的跟踪节点的支持也可以,这样就有效减少了能量消耗。

对大面积目标的跟踪若仅仅是通过局部传感器节点的协作是无法实现的。通过将侦测目标转换为寻找目标边界的行进轨迹可以有效减小跟踪目标的难度。确定跟踪节点,可以采取对偶空间转换的措施,将边界变换为点,将传感器节点转换为直线。但是这种方法想要实现算法及调度的话,需要借助于一个中心节点,故无形之中增加了网络负载,且欠缺一定的实时性。

3.3 无线传感器网络时间同步技术

3.3.1 概述

在传统网络中,网络中的每个终端设备都维护着一个自己的本地时钟,不同终端设备的本地时钟往往是不同步的,为了达到时钟同步,网络经常需要修改终端设备的本地时间[①]。在集中式系统中,存在一个唯一的时间标准,基于这个唯一的时钟标准,任何进程或者模块都会调整自己的本地时钟,因此网络中的时间都是一致的,事件的发生顺序也是唯一确定的。无线传感器网络作为一种分布式系统网络,各个节点独立运行,没有中心

---

① 刘伟荣,何云.物联网与无线传感器网络[M].北京:电子工业出版社,2013:122

节点,集中式网络的统一时间标准在无线传感器网络中根本就不适应,各个节点的时间同步问题就显得异常突出,即使在某一时刻网络中所有节点的时钟全部同步,但经过一段时间后,由于时钟计数的不稳定性导致的误差,因此时钟失步现象就会再一次出现。因此对于无线传感器网络来说,时间同步是一个非常值得研究的问题。

简单来说,时间同步就是使网络中所有节点的本地时间保持一致,按照网络应用的深度可以分为三种不同的情况,第一种就是判断事件发生的先后顺序,这种情况只需要知道本节点与其余节点的相对时间即可;第二种就是相对同步,节点维护自己的本地时钟,其邻居节点与本节点的时钟偏移将会被周期性地获取,使本节点与邻居节点的时间同步得以实现;第三种就是绝对同步,所有节点的本地时间严格同步,等同于标准时间,这种情况对节点的要求最高,因此实现起来复杂度也最高。时间同步的参考时间来源也有两种情况,一种来自于外部标准参考时间,如节点外接 GPS 网络来获得标准时间,我们称这种情况为外同步;另外一种是内同步,即参考时间来自于网络内部某个节点的时间,这个时间与实际时间可能会有一定出入,但是网内参考时间是同步的。

无线传感器网络作为一种新型的分布式网络,节点分布密集、规模大,以无线方式通信,一般应用在人力有限的地区,这些特点使得无线传感器网络节点造价廉价,能源有限,故节点的本地计时器一般采用廉价的晶体振荡器来完成计数。由于晶体振荡器对温度、压力的不稳定性,每个晶振的振荡频率有一定的差异,这样的话,节点间就会出现时间不同步的情况。为了实现节点间的时间同步,以下三个方面的问题是无线传感器网络设计的时间同步协议必须要解决的:

　　·同步的误差要尽可能地小,这样整个网络间节点应用的正常进行才能够得到保障;

　　·因为无线传感器网络节点的电池不可替换,因此协议要

尽可能地简单,功耗要低,使网络的生命周期尽可能地延长;

· 具有可扩展性,随着无线传感器网络规模的扩大,时间同步协议要同样有效。

在节点的时间计数中,存在硬件计数模型和软件时钟模型这两种计数模型,前者是利用晶振来实现时间的计数,后者是采用虚拟软件时钟来实现时钟的计数。

(1)硬件时钟模型

在硬件系统的时钟计数中,计算时间的一个重要的公式是

$$c(t) = k\int_{t_0}^{t} w(t)\mathrm{d}t + c(t_0) \tag{3-9}$$

式中,$w(t)$ 是晶振的角频率,k 是依赖于晶体物理特性的常量,t 是真实时间变量,$c(t)$ 是当真实时间为 t 时节点的本地时间。在现实中,供电电压、温度变化和晶体老化均会对晶体的频率造成影响,若用 $r(t) = \mathrm{d}c(t)/\mathrm{d}t$ 来描述时钟的变化速率,我们可以知道,理想时钟中的真实时间 $c(t) = t + t_0$,即本地时间与真实时间只有一个固定的误差,因此 $r(t) = 1$。

下面介绍两个重要的时间参数。

①时钟偏移:在 t 时刻定义时钟偏移为 $c(t) - t$,即本地时间与真实时间的差值。

②时钟漂移:在 t 时刻定义时钟漂移为 $\rho(t) = r(t) - 1$,即本地时间变化速率与1的差值。

时钟偏移反映的是某个时刻本地时间与真实时间的差值,用来描述计数的准确程度,而时钟漂移反映的是时钟计时的稳定性,在这两个标准的基础上,一个时钟稳定的标准得以确定下来。对于任意一个 t,总有

$$-\rho_{\max} \leqslant \rho(t) \leqslant \rho_{\max} \tag{3-10}$$

我们称这个式子为漂移有节模型,一般可以认为 $\rho_{\max}$ 范围为 $1 \sim 100\mathrm{ppm}$(ppm 是 Parts Per Million 的简称,$1\mathrm{ppm} = 10^{-6}$)。漂移有界模型一般用来确定时钟的精度或者同步误差的上、下界。

（2）软件时钟模型

在软件时钟模型中，存在着一个用于记录时钟脉冲的计数器，软件时钟模型区别于硬件模型，它不直接修改本地时钟，而是根据本地时钟 $h(t)$ 与真实时间的关系来换算成真实时间的函数 $c(h(t))$。$c(h(t)) = t_0 + h(t) - h(t_0)$ 就是一个最简单的虚拟软件时钟的例子，实际应用中，软件时钟还要考虑到时钟漂移对时钟的影响，因此复杂度更高。

3.3.2　典型时间同步协议

DMTS、RBS、TPSN、HRTS、FTSP、GCS 均为典型时间同步协议[①]，下面重点介绍 RBS。

发送者-接收者之间的同步很直观，若能精确地估计出报文传输延迟，这种方法能够取得很高的精度。然而仅根据单个报文的传输就想估计出传输延迟难度很大。图 3-8 的左图为发送者-接收者同步机制，右图为接收者-接收者同步机制。可以看出，从发送方到接收方为发送者-接收者同步机制的同步关键路径。关键路径过长，导致传输延迟不确定性的增加，因此同步精度就会比较低。根据缩短关键路径的思想，J. Elson 提出了接收者-接收者同步机制，典型的协议为 RBS 同步协议。

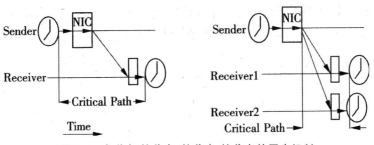

图 3-8　发送者-接收者、接收者-接收者的同步机制

---

① 李晓维.无线传感器网络技术［M］.北京:北京理工大学出版社,2007:172

1. RBS 协议的基本思想

RBS 协议同步的是报文的多个接收者,这点体现了与 DMTS 协议同步的是报文的收发双方之间的差异。如图 3-8 的右图所示:在单跳网络(是由 3 个节点组成的)中,一旦被参考节点发出,其广播域内的其他节点就会接收到该参考报文,与此同时,其他接收者节点将会记录下接收到该参考报文时的本地时刻。在记录本地时刻的基础上,接收者们可将差值计算出来,接收者之间的时钟偏移即为计算出的差值。从图 3-8 中可以看出,接收者—接收者同步机制的关键路径得以有效缩短,Send time 和 Access time 的影响得以完全排除。

区别于 DMTS 不同,参考报文无需携带参考节点的本地时间,这是因为参看报文的作用是为激发接收者们同时记录下各自的本地时间,而不是致力于向接收者们通告参考节点的时间。此外,在对 RBS 协议的原理进行研究工作中,不难发现,接收者们是否在同一时刻记录下本地时间很大程度上决定了同步误差,因此开展对接收者们对同一参考报文的接收相移的研究工作非常有必要。图 3-8 为在 5 个 Mica 节点上做的一个简单的实验,5 个节点各有一个通用 I/O 引脚与逻辑分析仪的输入之间建立连接,每当一个参考报文被结点接收时,就会有一个上跳沿被该引脚输出,逻辑分析仪就会因此得以触发捕获,与此同时能够将此时的时刻记录下来。接收者节点对同一参考报文的接收相移在记录下的时间数据的基础上即可被计算出来,从统计学的角度来看,接收相移完全符合正态分布 $N(0,11.1,\mu s)$。根据大数定理,接收相移依概率 1 将会随着参考报文的增多而逼近其均值 0,因此可以认为参考报文在同一时刻被接收者接收了,这就证明了 RBS 的理论假设是成立的(见图 3-9)。在实际应用中,在接收者节点交换记录时刻信息时,实际的 RBS 协议交换的是最近记录的多个时刻信息并非是最近一次记录的时刻信息。

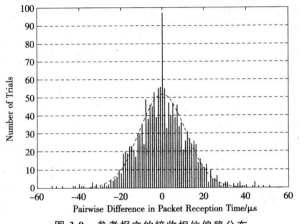

图 3-9　参考报文的接收相位偏移分布

在速率恒定的时钟模型的基础上，RBS 协议补偿了节点间时钟飘移，借助于最小平方误差的线性回归方法（例如最小二乘法），线性拟合了从某时刻开始的节点间的时钟偏移数据。如图 3-10 所示，图中的"＋"代表了接收者节点间对同一个参考报文的接收时钟偏移。拟合直线由图中的斜线表示。接收者节点间的时钟飘移是由拟合直线的斜率来表示的，开始时刻的初始时偏是由截距来表示的。为了使节点间的同步误差能够在较长时间内保持在较小的范围内，可以采取对时钟飘移进行补偿的措施。两个处于单跳范围内节点的本地时间的互换可以借助于该拟合直线来实现。

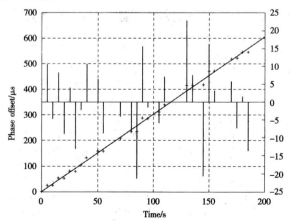

图 3-10　用最小二乘法估计接收者节点间的时钟飘移

2. 多跳 RBS

上面介绍的是单跳 RBS 协议,两个多跳节点之间的同步可通过对其进行扩展来实现。以图 3-11(a)中的节点 9 和节点 1 为着手点来进行介绍,由于节点 9 和节点 4 处于以节点 C 为参考节点的单跳区域内,它们之间的本地时间的相互转换可以借助于单跳 RBS 协议来实现。同理,也可以实现节点 1 和节点 4 之间的本地时间的相互转换。因此,在节点 4 的帮助下,节点 9 和节点 1 之间的本地时间相互转化实现起来也是没有任何问题的。

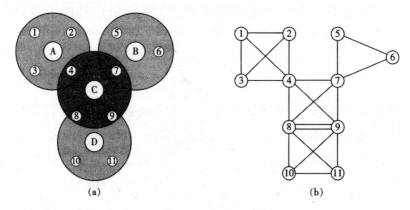

图 3-11 多跳 RBS

(a)一个三跳网络的物理拓扑;(b)相应的逻辑拓扑

在规模较大的无线传感器网络中,媒介节点的指定仅仅依靠静态形式是无法实现的,且由于节点失效或通信故障所带来的拓扑的变化也是无法得到很好地适应的。因此,为了找到一条连接同步源结点和目标结点之间的转换路径,RBS 采用了"时间路由"机制。与(a)相对应的逻辑拓扑图如图 3-11(b)所示。每个单跳范围内可直接进行时间转换的节点对在逻辑拓扑图中有一条对应边(因此每个单跳区域的逻辑拓扑图必是一个完全图)。通过在该图中寻找一条连接同步源节点和目标节点的最短路径,在此基础上进行时间转换。可以使用 Dijkstra 算法、链路状态法等实现最短路径的查找。

3.3.3　新型时间同步协议

传统的无线传感器网络时间同步机制的研究已经非常成熟,实用性也极其强,主要应用在单跳网络中,在 Mica2 平台上,随着相关技术的不断发展,同步误差已经非常小了,同步功耗也已经处于尽可能低的水平,很多应用需求得以有效满足。

在实际应用过程中,如果需要将这些时间同步协议应用到多跳网络中时,需要通过相关的机制来实现同步。这种同步机制的特点体现在:时间基准节点同步只有时间基准结点的邻居节点。在该机制具有该特点的同时,传统的因特网时间同步协议(Network Time Protocol,NTP)也因此与其有一定的相似性,故它们被称为无线传感器网络的传统时间同步协议。鉴于体系结构上的局限性,在传统时间同步协议中,节点仅能够和与时间基准节点存在同步误差的节点进行同步,是没有办法实现与时间基准节点的直接同步的,因此,随着节点离时间基准节点跳距(Hop Distance)的增加,节点的同步误差也就不得不面对增加的情况,这种情况最终导致了同步误差的累积。截止到目前,人们对同步误差做了大量的研究,最终得出,在这些传统的时间同步协议中,节点的同步误差即使是在最理想的情况下也至少与其跳距的平方根呈正比。随着无线传感器网络的发展,以下两个因素在导致平均节点跳距增加的同时使得同步误差累积问题日益严峻:①节点的单跳传播距离会因传感器节点体积的减小而不断减小;②网络直径会随着网络规模的不断扩大得以增加。对大规模无线传感器网络的应用来说,该问题可以说是需要重点考虑的。

可扩展性也是传统无线传感器网络时间同步协议不得不面对的一个重要挑战:可扩展性能够将网络中的全部结点有机地组织起来,能够实现网络拓扑结构的建立,当网络规模较小时,其实现是没有任何问题的,但随着网络规模的不断扩大,出于无线传输的不稳定性以及节点工作的动态性考虑,如果想要跟踪到拓扑的变化的话,需要频繁地进行拓扑更新,这样一来,就会额外增加本已非常有限的网络带宽和节点电能供应的压力,还有就是由时间同步协议来负担网络拓扑维护的繁重工作还不够理想。

鉴于此,萤火虫同步技术和协作同步技术被人们提出,以便使这两个挑战得到很好地解决。下面介绍一下被人们广泛使用的协作同步。

就同步来说,时间基准节点的同步脉冲会被远方节点直接接收到,在整个过程中,其他中间节点会协作时间基准节点把时间信息直接传输给远方节点,即使误差会因协作过程而产生,但立足于统计的角度来看,节点的同步误差均值为 0,也就是说不会发生同步误差的累积现象。协作同步如图 3-12 所示。

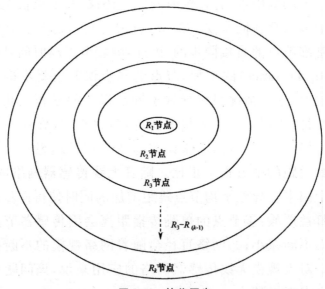

R_1节点

R_2节点

R_3节点

R_3-$R_{(k-1)}$

R_k节点

图 3-12　协作同步

在传统的时间同步协议中,时间基准节点的时间信息想要被传递到远方节点的话,必须要借助于中间节点的转发,同步误差累计也正是因此产生的。

参考文献

[1]李善仓,张克旺.无线传感器网络原理与应用[M].北京:机械工业出版社,2008.

[2]孙利民等.无线传感器网络[M].北京:清华大学出版社,2005.

[3]刘伟荣,何云.物联网与无线传感器网络[M].北京:电子工业出版社,2013.

[4]李晓维.无线传感器网络技术[M].北京:北京理工大学出版社,2007.

[5]吕海超.基于 ZigBee 的边境地区监控系统组网技术研究[D].南京:南京理工大学,2013.

[6]张金瑞.基于物联网的智能交通系统网关研究与实现[D].长春:长春理工大学,2014.

[7]梁利生等.基于预警优先级的 ZigBee 传感网络 MAC 层退避算法[J].电子器件,2014(05).

[8]王骞.基于 Zigbee 技术的无线实时定位系统研究与设计[D].上海:上海交通大学,2011.

[9]宋世鹏.基于 ATmega 128L 上的无线传感器网络节点设计[D].西安:西安电子科技大学,2013.

[10]李健.基于 ZigBee 网络的分簇路由协议 SS-Cluster 的设计与实现[D].南昌:华东交通大学,2014.

[11]于慧霞.无线传感器网络定位算法的研究[D].南京:南京邮电大学,2012.

[12]李冬.基于 DV-Hop 的无线传感器网络定位算法研究与改进[D].南京:南京理工大学,2013.

[13]乔金柱.基于 TinyOS 平台的 RSSI 定位系统设计与

实现[J].电子科技,2013(02).

[14]许娜等.基于工业无线网络的协作时间同步协议[J].计算机科学,2010(09).

[15]李振汕.一种新型传感器网络树形分簇方法[J].计算机仿真,2010(12).

[16]李敏.无线传感器网络的协作时间同步机制研究[D].洛阳:河南科技大学,2014.

第4章 无线传感器网络的拓扑
控制与覆盖技术

WSN 有着广阔的应用前景,它在国家安全、环境监测、交通管理、空间探索等领域具有重大的应用价值,因而引起了军界、工业界和学术界的高度关注。WSN 向科技工作者提出了大量的研究课题,拓扑控制和覆盖技术是其中两个基本问题。

4.1 无线传感器网络拓扑控制技术

4.1.1 无线传感器网络拓扑控制的设计初衷

对拓扑控制的研究致力于使网络拓扑结构处于最优化,最优化即为:在用户需要的最基本的网络连通质量和覆盖质量得以满足的情况下,使网络的生命期延长这一关键目标也能够实现,与此同时,抗通信干扰、减少网络延迟、负载均衡、简单性、可靠性、可扩展性等其他性能也能够得以综合衡量。在对 WSN 的拓扑结构进行设计时,一定要根据具体的应用来进行,因为应用不同在设计拓扑控制时侧重的目标也不相同。在进行拓扑控制中,以下概念、结论均会涉及。

(1)覆盖

覆盖也就是对传感器网络服务质量的综合考量。在考虑传感器网络的覆盖问题时,网络对物理世界的感知能力是需要重点考虑的一个方面。覆盖问题可以基于区域、点和栅栏的角度来进行研究。其中,目标区域的覆盖(监测)问题是对整个区域的覆盖进行研究;一些离散目标点的覆盖问题说白了就是对点覆盖进行研究;最后,栅栏覆盖的研究工作集中在对运动物体穿越网络部署区域被发现的概率问题上。其中,区域覆盖是这三种覆盖问题需要重要关注的。在目标区域中中,如果该区域内的每个节点都能够被 k 个传感器节点监测到的话,就称该网络为 k-覆盖,抑或是称该网络的覆盖度为 k。其中,$k=1$ 为最低要求,也就意味着,目标区域内的全部节点能够被一个节点监测到。目前,也会研究部分覆盖(部分的 1-覆盖和部分的 k-覆盖),这是因为完全覆盖一个目标区域是个非常有难度的问题。同时,渐进覆盖也在讨论范围之内。当 WSN 中节点数趋于无穷大时,完全覆盖目标区域的概率跟 1 无限接近的情况就是渐进覆盖。可在睡眠调度机制的帮助下实现已部署的静态网络的覆盖控制。在所有的覆盖分析工具中,最受人们欢迎的是Voronoi 图。在动态网络中,可以根据网络覆盖的要求在随机部署得以完成之后使节点的重部署得以实现,这些都是基于节点的移动能力来进行的。在所有重部署方法中,最关键的一种方法为虚拟势场方法。拓扑控制的基本问题在覆盖控制中得以充分体现。

(2)网络生命期

常用的网络生命期的定义为:直到某个阈值时的持续时间大于死亡节点的百分比为止。功率控制和睡眠调度是在全部延长网络生命周期中技术中所达到的效果最为理想。由于需要估计到很多方面,故使网络的生命期最大限度地延长是一个非常复杂且实现起来难度重重的一个问题,然而同时也是拓扑控制的研究核心。

(3)连通

在 WSN 中,传感器网络中存在着数量庞大的传感器节点,这就导致从传感器节点到汇聚节点之间的数据传输是按照多跳的方式进行的。于是,就要求网络要具有连通性。为了满足实际需要,有些应用可能要求指定的连通度是网络必要要达到的。

网络的连通性作为拓扑控制的最基本要求,同时也是功率控制和睡眠调度都必须要保证的。

(4)吞吐能力

设目标区域的形状是凸的,每个节点的吞吐率为 λbps,以下关系式会存在于理想情况下

$$\lambda \leqslant \frac{16AW}{\pi \Delta^2 L} \cdot \frac{1}{nr} \mathrm{bps} \qquad (4\text{-}1)$$

式中,A 是目标区域的面积,W 是节点的最高传输速率,π 是圆周率,Δ 是大于 0 的常数,L 是源节点到目的节点的平均距离,n 是节点数,r 是理想球状无线电发射模型的发射半径。

由式(4-1)可以看出,在减小能量消耗的同时,想要提高网络吞吐量的话,可以采取减小发射半径和降低工作网络的规模来实现,前者可以采取功率控制措施,后者可以采取睡眠调度来实现。

(5)干扰和竞争

无线传感器网络的一致目标不外乎:降低通信干扰、减弱MAC 层的竞争强度以及尽可能地延长网络的生命周期。发射范围的调节可通过功率控制来实现,工作节点数量的调节可通过睡眠调度来实现。在此基础上,还可以采取改变 1 跳邻居节点的个数(也就是与它竞争信道的节点数)的措施。事实上,实现功率控制时,随着节点的发射半径 r 的增大网络无线信道竞争区域也会相应地增大。为了达到降低干扰和竞争强度的目的,采取睡眠调度使更多的节点处于睡眠状态可以说是常用手段。

(6)网络延迟

当网络的负载处于较高水平时,较小的端到端延迟伴随着低发射功率而出现;而在低负载情况下,较大的端到端延迟伴随着低发射功率而出现。对该现象有一个直观的解释:当网络负载较低时,源节点到目的节点的跳数因高发射功率而得以减少,端到端的延迟也会因此得以降低;当网络负载较高时,节点之间

为了有效传递信息,就会使竞争强度空前的高,竞争因低发送功率得到了有效缓解,最终降低了网络延迟。从以上内容不难判断出,功率控制和网络延迟之间的关系也与此非常相似。

拓扑控制除了需要考虑以上几个方面外,如负载均衡、简单性、可靠性、可扩展性等其他方面也是需要考虑的。在在对拓扑控制策略进行设计过程中,要最大程度地理清这些设计目标之间的关系,在这些设计目标中寻求一个最佳平衡点。同时,对这些关系的研究也可以看作属于拓扑控制的研究范畴之内。

4.1.2 典型的无线传感器网络拓扑控制协议

1. 功率控制

所谓的功率分配问题就是对传感器网络中节点发射功率进行相关的控制。在无线传感器网络中,要使网络中结点的能耗尽可能地处于低水平,与此同时还要最大程度地保障网络拓扑的无论是结构连通、双向连通还是多连通,这些目标的实现,需要借助于节点通过设置或动态调整节点的发射功率。当传感器节点不再部署一维空间而是部署在二维或三维空间中时,传感器网络的功率控制是一个 NP 难的问题[①]。因此,寻找近似解法可以说是比较理想的一个解决方案。近似解法按照其研究对象的不同还可以分为基于节点度的算法和基于邻近图的算法这两种。下面对基于节点度的算法做重点介绍。

节点的度数为所有距离该节点一跳的邻居节点的数目。基于节点度算法是在以下思想的基础上实现的:在相关的机制下,若已经给出了节点度的上限和下限,为了使节点的度数处于上、下限之间,可动态调整节点的发射功率。为了保证整个网络的连通性,且使有一定的冗余性和可扩展性存在于节点间,可在已

---

① 孙利民等.无线传感器网络[M].北京:清华大学出版社,2005:91

知局部信息的基础上利用节点度的算法来调整相邻节点间的连通性。

其中,典型的基于节点度的算法为本地平均算法 LMA(Local Mean Algorithm)和本地邻居平均算法 LMN(Local Mean of Neighbors Algorithm),能够对节点发送功率做周期性动态的调整。

(1)本地平均算法

本地平均算法 LMA 具体步骤如下:

①在最初阶段,所有节点的发射功率 TransPower 都是相同的,所有节点都会将一个包含自己 ID 的 LifeMsg 消息定期广播出去。

②一个节点之所以会发送一个 LifeAckMsg 应答消息,是因为它收到了接该 LifeMsg 消息。所应答的 LifeMsg 消息中的节点 ID 均包含在该信息中。

③每个节点在将下一次 LifeMsg 消息发送出去之前,都会对已经收到的 LifeAckMsg 消息做一定的检查工作,这样的话,就可以将其邻居数 NodeResp 统计出来。

④如果邻居数下限 NodeMinThresh 都要比 NodeResp 大的话,节点将会在接下来新一轮的发送中增大发射功率,但有一点需要保证,就是发射功率要小于等于初始发射功率的 B_{max} 倍,如式(4-2)所示;如果于邻居节点数上限 NodeMaxThresh 比 NodeResp 还要小的话,那么在接下一轮的发送中,节点就需要减小发射功率,用式(4-3)表示,其中 B_{max},B_{min},A_{inc} 和 A_{dec} 是可以调整的,功率调节的精度和范围因此得以确定下来。

$$\text{TransPower}=\min\{B_{max}\times\text{TransPower},A_{inc}$$
$$\times(\text{NodeMinThresh}-\text{NodeResp})\times\text{TransPower}\} \quad (4\text{-}2)$$
$$\text{TransPower}=\max\{B_{min}\times\text{TransPower},A_{dec}$$
$$\times(1-(\text{NodeResp}-\text{NodeMaxThresh}))\times\text{TransPower}\}$$
$$(4\text{-}3)$$

(2)本地邻居平均算法

本地邻居平均算法 LMN 在很大程度上类似于本地平均算

法 LMA,邻居数 NodeResp 的计算方法很好地体现了这两个算法之间的差别。在 LMN 算法中,每个节点会将存放着该节点自身邻居数的 LifeAckMsg 消息发送出去,在所有 LifeAckMsg 消息被发送 LifeMsg 消息的节点完成收集工作后,节点的邻居数将会变为所有邻居的邻居数的平均值。

可以看出,严格的理论推导都不存在于以上两种算法中。通过以上两种算法做计算机仿真,可得出:这两种算法的收敛性和网络的连通性是可以保证的,一定的优化效果可借助于少量的局部信息即可实现。即使是无线传感器节点的软硬件处于较低水平仍能够实行这两种算法,且就算是不具备严格的时钟同步也没有任何问题。以上内容并不是说这两种算法已经非常完美,仍可以采取相关措施来进一步完善它们,例如,如果对合理的邻居节点判断条件做深一步研究的话,应当对从邻居节点得到的信息是否根据信号的强弱给予不同的权重等。

2. 层次型拓扑结构控制

在无线传感器网络中,无论传感器节点处于工作状态与否,传感器节点的无线通信模块的能量消耗是一样的,故在用不到节点的无线通信模块时,可以将节点的通信模块关闭,才能降低节点在无线通信模块中的能量消耗。在传感器节点中,一些节点会按照网络预先设置的机制被选为骨干网节点,只有这些骨干网节点的通信模块是处于开启状态的,这样一来,在降低能耗的同时,也不会使数据的路由经骨干节点构建一个连通网络来进行转发受到任何影响。在这种拓扑管理机制下,网络中的节点如果未被系统选为骨干网节点的话,就会被划分到普通节点的范畴中。骨干网节点周围的普通节点均可被纳入被骨干网管理的范围。在此算法的基础上,整个网络被划分为相连的区域,一般又称为分簇算法。骨干网节点是簇头节点,普通节点是簇内节点。通过前面的介绍可以知道,簇头节点药消耗大量的能量,这是因为簇头承担着大量工作:协调簇内节点的工作,实现数据的融合和转发。故分簇算法往往会周期地更换簇头节点，使网络中节点不会因为一直是簇头节点而因能量耗尽过早失效，这样的话，就使网络的生命周期得到了有效延长。

层次型的拓扑控制结构具有以下优势：减少了数据通信量，这是因为数据融合的任务由簇头节点来完成；即使是在较大规模部署的网络也可以使用分簇式的拓扑结构，因为该结构有利于分布式算法的应用；整个网络的生命周期得以延长，这因为很多节点大都会关闭通信模块。

（1）LEACH 算法

LEACH(Low Energy Adaptive Clustering Hierarchy)算法是一种自适应分簇拓扑算法，其实现起来是有周期规律可循的，每轮循环是由簇的建立阶段和稳定的数据通信阶段共同构成的。在簇的建立阶段，伴随着簇在相邻节点间动态地形成，簇头得以随机产生；在数据通信阶段，来自于簇内节点数据的收集和融合处理工作均是由簇头来负责完成的，最后，簇头会将最终处理结果传递给汇聚节点。在该算法中，簇头会消耗大量的能量，这是因为其承担的工作量非常大，如数据的融合、与汇聚节点通信等工作。为了使整个网络中结点的能耗尽可能地平均，LEACH 算法采取了相关机制使各节点可以等概率地担任簇头。

1）簇头选举机制

在 LEACH 算法中，簇头的选举过程如下：节点会随机产生一个位于 0 到 1 之间的数字，如果该数小于预先设定的阈值 $T(n)$ 的话，节点就会发布一个自己是簇头的公告消息。在接下来的每轮簇头选举过程中，$T(n)$ 会被设置为 0，这样才会使得已经被当选过簇头的节点不再被当选为簇头。除了一个节点被选过为簇头节点外，其他节点当选为簇头的概率为 $T(n)$；随着当选过簇头节点数目的增加，余下节点被选择簇头的阈值 $T(n)$ 会相应地增加。若除了该节点外，所有的节点都被选过簇头的话，$T(n)$ 就会被设置为 1，就意味着该节点这次一定会被选上。$T(n)$ 可表示为

$$T(n) = \begin{cases} \dfrac{P}{1 - P \times [r\bmod(1/P)]}, & n \in G \\ 0, & \text{其他} \end{cases} \qquad (4\text{-}4)$$

上式中，P 是簇头在所有节点中所占的百分比，r 是选举轮数，$r\bmod(1/P)$ 代表这一轮循环中当选过簇头的节点个数，G 是这一轮循环中未当选过簇头的节点集合。

若一个节点被选作簇头时，簇头会将其被选为簇头的信息广播给其他节点，这样的话，由哪个节点当选了簇头的消息就会被其他节点得知。非簇头节点在选择具体加入哪个簇时，会以自己距离簇头之间的距离来作为判断依据。当全部加入信息都传达到簇头时，簇头就会生成一个 TDMA 定时消息，且该簇中所有节点都会收到通知。在实际应用中，簇与簇周围由于电磁辐射往往会有信号干扰，鉴于此，簇头可以将 CDMA 编码用于属于其簇内的全部节点。其他非簇头结点就会收到来自于簇头发出的 CDMA 编码和 TDMA 定时信息。簇内节点就会在各自的时间槽内发送数据是在其收到 CDMA 编码和 TDMA 定时信息之后才开始的。簇头节点在完成簇头全部节点信息的收集后，会按照预先设计的数据融合策略和预先选择的数据融合算法来对数据做融合处理，并且最终结果传递给汇聚节点。

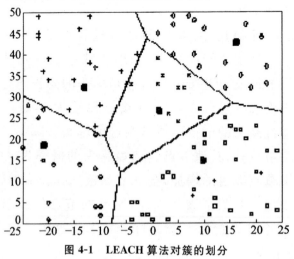

图 4-1　LEACH 算法对簇的划分

　　图 4-1 所示的为经过一轮选举过程的簇的分布,整个网络覆盖区域被划分成 5 个簇,簇头由图中黑色节点来表示。在图 4-1 中可以看出,可以明显地看出经 LEACH 算法仍有需要改进的地方,如其选举出的簇头的分布并不均匀就是一方面。

　　2)LEACH 算法的改进算法

　　在 LEACH 算法中,簇头与数据汇聚节点距离比较近,这是因为作者在设计时只模拟了一个仅拥有 100 个节点的网络的缘故。实际应用中,在大规模的传感器网络中节点数目可能要达到几千个,由于偏远簇头仍需要向汇聚节点传递数据,由于距离偏远就需要消耗比距离较近而大得多的能量才可以实现数据的传递,无形之中降低了网络的生命周期和覆盖。另外,在 LEACH 算法中,簇头可能在一部分区域内分布比较密集,而在另外区域却非常少,之所以会出现这样的情况,是因为节点的具体地理位置在该簇头选举机制中并未得以体现。尽管 LEACH 算法仍存在有待完善的环节,可仍不影响人们将其作为经典分簇算法来引用。

　　鉴于 LEACH 算法的不足之处,在 LEACH 算法的基础上,相关人员做了一定的改进。例如,针对 LEACH 算法簇头分布,HEED(Hybrid Energy-efficient Distributed Clustering)算法被人们提出。在 HEED 算法中,簇内平均可达能量(Average Minimum Reachability Power,AMRP)成为了簇内通信成本的衡量标准。节点以不同的初始概率将竞争消息发送出去,可以根据公式(4-5)确定节点的初始化概率 CH_{prob}:

$$CH_{prob} = \max\left(C_{prop} + \frac{E_{resident}}{E_{max}}, p_{min}\right) \tag{4-5}$$

在上式中,C_{prop} 和 p_{min} 是整个网络统一的参量,其很大程度上影响了算法的收敛速度,通常取 $p_{min} = 10^{-4}$、$C_{prop} = 5\%$;$\dfrac{E_{resident}}{E_{max}}$ 代表节点剩余能量与初始化能量的百分比。簇头竞选成功后,其他节点在竞争阶段收集的信息基础上,会做出如何加入到簇及加入到哪个簇的决策。

在簇头选择标准以及簇头竞争机制充分体现了 HEED 算法和 LEACH 算法的区别。和 LEACH 算法比起来,HEED 算法有效提高了成簇速度,致力于降低成簇后簇内的通信开销,在 LAECH 算法中没有用到的节点剩余能量也引入到了该算法中,其是作为一个参量存在的,这就使得不是所有的簇头都完成数据转发任务,而仅仅是更加适合的簇头来完成该任务,这样的话,就导致形成的网络拓扑合理程度更高,从而均衡了全网能量消耗,最终达到了延长网络生命周期和覆盖的目的。

(2)GAF 算法

GAF(Geographical Adaptive Fidelity)算法是基于节点地理位置的,也是一种分簇算法。借助于该算法,监测区域被划分成虚拟单元格,节点会根据自己的位置信息被划入到相应单元格中;在每个单元格中,按照预先设置的规则会定期地从该单元格中选举出一个簇头节点来,此后,保持活动状态的将只有簇头节点,其他节点是无法进入活动状态的转而进入睡眠状态。GAF 算法不是人们为了满足在传感器网络中的应用而重新被提出来的,而是一种在 Ad hoc 网络中已得到广泛应用的路由算法,之所以该算法会被引入到无线传感器网络,是因为分簇机制因为该算法的虚拟单元格思想而打开了一个新的局面。

虚拟单元格的划分和虚拟单元格中簇头节点的选择共同构成了 GAF 算法的执行。

①虚拟单元格的划分。借助于节点的位置信息和通信半径,网络区域被划分为若干虚拟单元格,在完成虚拟单元格的划分之后,存在于相邻单元格中的任意两个节点之间是可以直接通信的。节点除了知道自己的位置信息外,还需要知道整个监测区域的位置信息,在此基础上,才能按照预先设置的算法计算出自己属于哪个单元格。在图 4-2 中,假设 R 为所有节点的通信半径,网络区域划分为边长为 r 的正方形虚拟单元格,想要使相邻两个单元格内的任意两个节点的直接通信能够得到保证,

前提条件是满足以下关系式。

$$r^2 + (2r)^2 \leqslant R^2 \Rightarrow r \leqslant \frac{R}{\sqrt{5}} \tag{4-6}$$

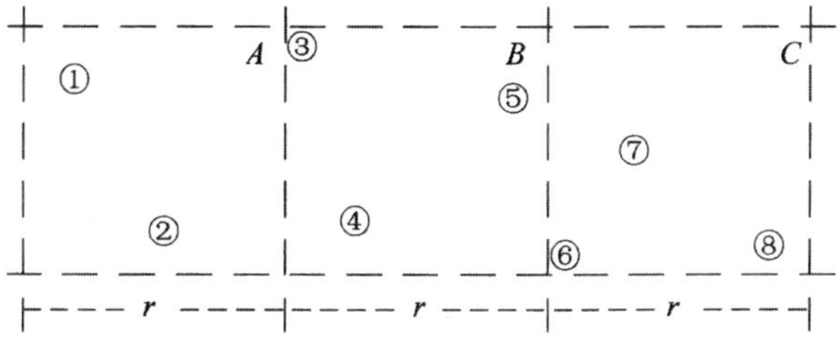

图 4-2　虚拟单元格的划分

所以,基于分组转发机制,全部存在于同一单元格的节点都是相同的,无论是软硬件技术水平,还是其负担的任务,故为了延长网络的生命周期减小整个网络的能量消耗,只需从位于同一单元格的全部节点中选取一个节点处于活动状态即可。

②虚拟单元格中簇头节点的选择。节点会来回地在睡眠和工作状态之间进行替换,整个过程是周期进行的,与本单元内其他节点进行信息的交换是在从睡眠状态唤醒之后进行的,在此基础上,节点才能做出最终决定看自己是否需要成为簇头节点。不难理解,每个节点可处于的一种状态不外乎以下三种状态的一种:发现(discovery)、活动(active)以及睡眠,且同时只能是一种状态,如图 4-3 所示。在网络初始节点,所有节点不会处于活动状态也不会处于睡眠状态而会处于发现状态,每个节点都会给其他节点发送通告信息,这些通告信息中包含了节点自己的位置、ID 等相关信息,在网络的初始化完成后,该节点也会收到来自于其他节点发来的通告信息。然后,每个节点对自身定时器进行相关设置,这一设置是按照某个区间内的随机值 T_d 来进行的。节点就只有在其定时器超时后才会进入活动状态,此后其他节点就会收到来自于该节点发来的其已经成为簇头节点的通告信息。如果来自于同一单元格内其他节点发出的簇头声明信息被节点在定时器超时之前就收到的话,就意味着已经有其他节点是簇头节点了,节点仍需要进入睡眠阶段,只能等到下轮

竞争簇头了。竞争簇头成功的节点,会将自身的定时器设置为 T_a,也就是说经过 T_a 后,该节点将不负责簇头节点的工作将会再次进入睡眠状态。为了使同一单元格中的其他节点仍然处于睡眠状态,在 T_a 内,簇头节点会定期向外发送广播信息,这其中就包括了自己仍为簇头节点的信息;经过 T_a 后,簇头节点将会再次沦为普通节点,其将重新回到发现状态。处于睡眠状态的节点的定时器将会被设置为 T_s,经过 T_s 后,该节点将会重新回到发现状态。

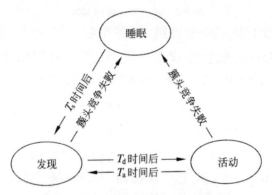

图 4-3   GAF 算法中的节点状态转换图

节点处于侦听状态消耗的能量要比其处于睡眠状态消耗的能量大得多,故睡眠状态是传感器网络拓扑算法中结点尽可能处于的一种状态。该方法的算法在 GAF 中很早就已开始使用。这种基于地理位置进行分簇的算法需要进行大量的计算,故就需要传感器节点提供尽可能多的资源,传感器节点也就需要具备更加强大的软硬件技术、拥有更加多的能源供应。另外 GAF 算法基于平面模型,而在实际网络中,节点之间的通信很少是平面的,更多的是多个维度相互联系相互叠加在一起的。尽管 GAF 算法尚存在种种不足之处,然而其提出的节点状态转换机制和按虚拟单元格划分簇等思想仍有可借鉴之处,故在此基础上,GAF 改进算法早已被相关人员提出来了。

(3)GAF 改进算法

尽管 GAF 算法提出了节点转换机制和按需模拟单元格这

两个重要的先进思想,然而在该算法中,忽视了节点的剩余能量,簇头也是被随机地选出来的。在 GAF 算法中,不是说所有的节点都适合被选择簇头,这是因为一旦节点被选为簇头的话,其要负担数据的收集、数据的融合和将最终处理结果传递给汇聚节点的工作,整个过程中,都需要大量的能量作支撑,故剩余能量较多的节点才是理想的簇头之选。为了对 GAF 算法进行改进,P. Santi 等人特设计了两种全新的侧重点各不相同的簇头选择机制,并且也全面深入地对簇头节点产生后的网络运行方式做了大量的分析工作,最后,也证明了改进的 GAF 算法能够使网络的生命周期得以有效延长。在 GAF 改进算法中,要求每个节点要对以下两点非常清楚,即自己的 ID 以及属于哪个单元格,与此同时,与自己所处单元格中的节点之间保持时间同步也是需要一定要做到的。

由前所述可知,GAF 改进算法有两种簇头选择机制,分别为完全簇头选择算法和随机簇头选择算法。再将整个网络划分为虚拟单元格后,每个节点在虚拟单元格被建立完成之后,对自己到底是属于哪个虚拟单元格都非常清楚。节点在欲成为簇头时,具体是按完全簇头选择算法来还是按照随机簇头选择算法来,具体选择是由节点根据已知本单元格相关信息的多少来决定的。

1)完全簇头选择算法

在这种算法,所有节点除了知道自己的 ID 外还需要掌握本单元格中其他节点的 ID 信息,此外,处于同一单元格内的所有节点都要做到严格的时间同步。在选举簇头过程中,节点无论是在发送通告消息还是接收通告消息时,都不是无章法可循的,而是按照编号依次进行的,其中,通告信息中包含了已知的虚拟单元格中的剩余能量最多的节点编号和最大剩余能量值。为了说明起来方便,假设在一个单元格中存在着的节点数量为 n,节点编号为 $0 \sim (n-1)$,初始时刻为 T_r,算法中,每次通告消息耗时为 T_s。如图 4-4 所示,有 4 个传感器节点存在于单元格中。

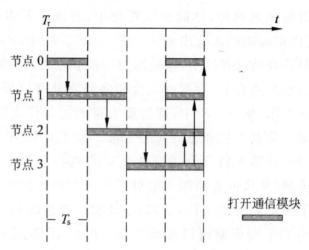

图 4-4　GAF 改进算法簇头节点选举机制

　　为了更加全面地介绍完全簇头选择算法,设有一个节点 p ,具体的簇头选举过程如下:

　　①在 $(T_r+(p-1)\times T_s)$ 时刻,通告信息实现了从第(p -1)号节点到第 p 节点之间的传递。其中, $M=(E_{max},m)$ 为通告消息中的消息集合,在当前单元格中,在编号为 0~(n -1)的所有节点中, E_{max} 代表了所有节点中最大的剩余能量值, m 代表的是拥有最大剩余能量值节点的 ID。一旦算法执行完毕后,节点 p 可以有效完成自身剩余能量 E_p 的估算,按照 $E_{max}=(E_{max},E_p)$ 以及若 $E_{max}=E_p$,则 $m=p$ 的规则,消息集合 $M=(E_{max},m)$ 即可完成修改工作。

　　②在 $(T_r+p\times T_s)$ 时刻,第 p 号节点在完成通告消息 $M=(E_{max},m)$ 的发送后,其通信模块将会被关闭。

　　③在 $(T_r+n\times T_s)$ 时刻,单元格中所有节点为了接收第 n 个节点发送的通告消息 $M=(E_{max},m)$,都打开通信模块。这样,在单元格中除了簇头节点外,其他节点就将获得簇头节点的 ID 和剩余能量值信息,此后,只有簇头节点的通信模块才会处于活动状态。至此,也就意味着新一轮的簇头节点的选举工作得以完成。

2）随机簇头选择算法

在实际应用中，完全型簇头选择算法是不适用的，之所以会出现这样的情况是因为，每个节点在获知自身的能量信息和 ID 方面是没有问题的，但若想要知道其所在单元格中的其他节点的能量信息和 ID 是不可能实现的，在这种大环境下，人们提出了随机簇头选择算法。

假设某次簇头选举工作是在 L 时刻进行的，P 为对任意节点 p 发送测试消息的概率。若节点的剩余能量比较大其概率 P 也会比较大，若测试消息的发送得以成功完成的话，可以完成消息 $M = (E_p, m)$ 的发送，其中 E_p 为节点 p 的剩余能量；一旦测试消息发送失败，节点 p 将不得不转入侦听状态。如果在一个时槽内，没有节点发送测试消息成功的话，意味着没有簇头被选出来，也就是说需要开展新一轮的选举；反之，若有一个节点将测试消息成功发送出去的话，也就是说该节点会被选举为簇头，簇头即完成 $M = (E_p, m)$ 消息的发送。需要借助于侦听到的 $M = (E_p, m)$ 消息，其他节点才可以判断出到底是由哪个节点被选为簇头，此后即可加入该簇。在该选举方式中，仅通过随机竞争方式即可完成簇头的选举。实验证明此种选举簇头节点的方法在实际网络成簇中是可以接受的，这是因为通过单个节点发送探测消息的平均次数接近 e 次时即可完成簇头节点的选举。

从以上论述可以看出，GAF 算法提出的虚拟单元格的思想在这两种簇头选举算法中得到了很好地应用。和 GAF 算法比起来，这两种簇头选举机制在选举阶段就充分考虑了节点剩余能量。传感器网络的生命周期的延长通过选举剩余能量多的节点作为簇头节点得以顺利实现。

（4）TopDisc 算法

在图论的基础上，TopDisc 算法的核心被人们提出来了。TopDisc 算法可以说是一个比较经典的算法，是在最小支配集问题上得以提出的。颜色区分节点状态在 TopDisc 算法中得以引入，这是致力于解决骨干网拓扑拓扑结构的形成问题。在

TopDisc 算法中,由网络中的一个节点负担了发送用于发现邻居节点的查询消息的启动工作。在查询消息中也包括了发送节点的状态信息。在查询消息在网络中传播的同时,TopDisc 算法会将全部节点都按照一定的顺序标记上颜色。最后,可利用节点颜色将簇头节点从中选出来,且借助于反向寻找查询消息的传播路径可以将簇头节点之间通信链路建立起来。

在 TopDisc 算法中,使用频率比较高的节点状态标记办法为三色算法和四色算法。这两种算法具有以下共同点:①簇头节点的查找可依据颜色标记理论来做到;②一个黑色节点(即簇头节点)覆盖更大的区域可借助于与传感距离成反比的延时来实现。寻找簇头节点的不同导致了三色与四色算法存在差异,在此基础上,也就导致了形成拓扑结构的差别。

TopDisc 算法也有不足之处,主要体现在,构建的层次型网络比较死板,无形之中会因为重复执行算法增加网络的额外开销。另外,在该算法中,还忽视了节点的剩余能量。

3. 启发机制

一般来说,传感器网络都是面向应用的,如果没有应用需求被骨干网节点检测到的话,整个传感器网络都将处于睡眠状态。在传感器网络的拓扑控制算法中,启发式的节点唤醒和休眠机制在传统的功率控制和层次型拓扑控制基础上,得以有效提出。在该机制中,节点会因没有任何事件发生而将自身的通信模块设置为睡眠状态,节点的睡眠状态会一直持续到有时间发生时,能够唤醒其邻居节点,使数据转发的拓扑结构得以顺利形成。可以看出,在该机制中处于工作状态的只有传感器通信模块,且大部分时间传感器通信模块也是处于关闭状态的。由于在传感器节点中,通信模块消耗的能量占其所消耗能量的很大一部分,通信模块又长期处于关闭状态,故有效节省了传感器节点的能耗。节点在睡眠状态和活动状态之间的转换问题是该机制需要重点关注的,故该方法要与其他拓扑控制算法结合使用,是无法独立作为一种拓扑结构控制机制的。

下面以 ASENT 算法为例进行介绍。

虽然同属于节点唤醒机制，和 STEM 算法比起来，AS-CENT 算法仍有其独到之处。在整个网络中，骨干节点数量的均衡性是 ASCENT 算法的重点关注对象，前提条件是保持数据通路的畅通性。到数据被节点接收时，一旦节点发现该信息中存在丢包严重的问题，其就会向相关节点发出求助信息，相关节点就是该节点数据源方向的邻居节点；无论是节点意识到周围的通信节点丢包率很高，或者是收到了来自于邻居节点发出的帮助请求后，一旦节点从睡眠状态转入到活动状态的话，其会帮助邻居节点转发数据包。

触发、建立和稳定共同构成了 ASCENT 算法网络的运行。触发阶段如图 4-5(a)所示，当汇聚节点没有办法与数据源节点之间保持正常的通信时，汇聚节点就会向其邻居节点发出求助信息；建立阶段如图 4-5(b)所示，一旦节点接收到来自于其邻居节点的求助消息后，节点并不是不经过任何操作直接转入活动状态，而是要依据一定的机制来进行，如果转入活动状态的话，其发出的通告信息就会被传递到其邻居节点处，依据此通告信息，其邻居节点即可决定是否有必要进入活动状态；稳定阶段如图 4-5(c)所示，若数据源节点和汇聚节点间之间能够进行正常通信的话，网络中活动节点个数就不会发生任何变化，整个网络就会处于一种稳定状态。稳定阶段很难一直持续下去往往仅是持续一段时间，此后，个别节点就会出现能量耗尽或者外界干扰等情况，在网络中又会出现无法正常通信的情况，此时节点将会再次进入触发阶段。

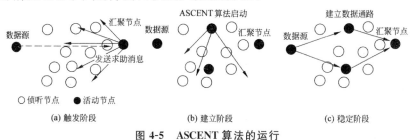

图 4-5　ASCENT 算法的运行

在 ASCENT 算法中,节点可以处于休眠、侦听、测试、活动这四种状态。休眠状态,即节点的通信模块将无法正常工作而会处于关闭状态,此时的能量消耗最小;侦听状态,即节点只负责数据包的转发而不侦听信息;测试状态,该状态是暂时的,即节点在完成数据包转发的同时,基于相关的机制来做出判断,看自己有没有必要进入活动状态;活动状态,数据的转发工作是由节点来完成的,在这四个状态中,此状态中,节点的能量消耗最大。这四种状态之间的转换关系如图 4-6 所示,其中,NT 表示节点的邻居数上限,LT 表示丢包上限,T_s 表示睡眠态定时器,T_p 表示侦听态定时器,T_t 表示测试态定时器,neighbors 代表邻居数,loss 代表丢包率,help 代表求助消息。

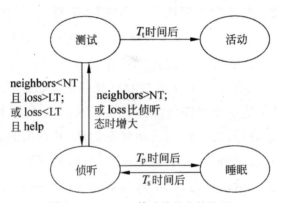

图 4-6 ASCENT 算法的状态转换图

图 4-6 中状态之间的转换关系如下:

①休眠态与侦听态:处于休眠态的节点设置定时器 T_s,如若节点想要由休眠态进入侦听态,只能等到定时器超时后才可以;处于侦听态的节点设置定时器 T_p,节点若想从侦听态进入休眠态,也是只能等到定时器超时后才可以。

②侦听态与测试态:对整个信道的侦听工作是由处于侦听态的节点完成的,若邻居数小于邻居上限的情况被发现,且信道的平均丢包率超过丢包上限的话,处于侦听状态的节点将会进入测试态;或者即使是平均丢包率小于丢包上限,但节点同样也会因接收到来自邻居节点的求助消息而进入测试态。在定时器

T_t 超时前,若测试态的节点发现邻居数超过邻居数上限,或者平均丢包率比该节点进入测试态前还大时,说明该节点仍无法进入活动态还需停留在测试态。

③测试态与活动态:在定时器 T_t 超时,若跳转到侦听态的条件仍无法得到满足,处于测试态的节点在定时器超时后将会进入活动态,完成数据转发的工作。

通过 ASCENT 算法,节点的状态将会根据网络情况做动态地改变,进而实现网络拓扑结构的动态改变,且节点进行的计算若仅仅是根据本地信息进行的,这就导致了与无线通信模型、节点的地理分布和路由协议之间关系不大。但 ASCENT 算法仍有很大的改善空间,例如,应当改进更大规模的节点分布,将负载平衡技术引入进来等。

4.2　无线传感器网络覆盖技术

4.2.1　概述

覆盖为无线传感器网络中的一个基本问题,网络所能提供的"感知"服务质量①通过它得到了很好地体现,能够很好地优化无线传感器网络的空间资源,终极目标致力于使无论是环境感知、信息获取还是有效传输的任务都能够得到很好地完成,在保证一定的服务质量(Quality of Service,QoS)的基础上,实现传感器网络节点的部署,使网络的覆盖能够处于最大化。

---

① 王汝传,孙力娟.无线传感器网络技术导论[M].北京:清华大学出版社,2012:33

4.2.2 典型的无线传感器网络覆盖算法及协议

1.基于网格的覆盖定位传感器配置算法

属于目标定位覆盖的、基于网格的覆盖定位传感器配置算法的产生是基于网格的目标覆盖类型(确定性覆盖)的。在此算法中,优化覆盖定位问题被转化为最小化距离错误问题且又实现了一定的改进,一种在有限代价条件下最小化最大错误距离的组合优化配置方法在此基础上得以提出。

出于传感器节点及目标点的配置都是采用网格形式进行的,传感器节点采用布尔覆盖模型,且格点的覆盖是用能量矢量来表示出来的。如图 4-7 所示,网络中的各格点都可至少被一个传感器节点所覆盖(即该格点能量矢量中至少一位为 1),此时区域就实现了完全覆盖。例如,格点位置 8 的能量矢量为(0,0,1,1,0,0)。在网络资源受限而格点完全识别仍未无法实现时,不得不面对如何提高定位精度的问题。其中,错误距离为一个衡量位置精度的最直接指标,其反比与覆盖识别结果。

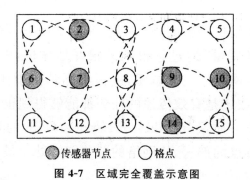

图 4-7 区域完全覆盖示意图

优点:

①和其他致力于完全覆盖的随机配置网络中,该算法有效性更强,在具有鲁棒性的同时也易扩展。

②该算法除了可以应用于规则的传感器网络区域,还可以

用于不规则的传感器网络区域。

缺点：

①网络的实际拓扑特征会因网格化的网络建模方式得以掩盖掉。

②该算法对网络中的节点有要求，它只能应用于传感器节点都是相同的无线传感器网络，该算法将无法适用于现实中比较常见的网络中存在节点配置代价和覆盖能力有差异的情况。

2. 连通传感器覆盖

为了使覆盖效果最大化，Gupta 等人设计的连通传感器覆盖(Connected Sensor Cover)算法借助于选择连通的传感器节点路径来实现，该算法同时属于连通性覆盖中的连通路径覆盖及确定性面/点覆盖类型。当网络收到一个来自于指令中心的监测区域查询消息时，选择最小的连通传感器节点集合与此同时要充分覆盖整个网络区域成为了连通传感器覆盖的目标。集中与分布式两种贪婪算法被 Gupta 等人分别设计出来，假设 M 为已选择的传感器节点集，剩余与 M 有相交传感区域的传感器节点称为候选节点。集中式算法初始节点随机选择构成 M 之后，在所有从初始节点集合出发到候选节点的路径中选择一条可以覆盖更多未覆盖子区域的路径，并将该路径经过的节点加入 M。之后算法一直持续到网络查询区域可以完全被更新后的 M 所覆盖。该贪婪算法执行的方式如图 4-8 所示。在图 4-8(a)中，图 4-8(b)所示的情况会因贪婪算法会选择路径 P_2 而得出，之所以会出现这种情况是因为，更多未覆盖子区域因在所有备选路径中选择 C_3 和 C_4 组成的路径 P_2 而得以覆盖。

优点：

①借助于该算法，节点传感区域模型可以是任意的凸形区域，而不再局限于特定形状，这点跟实际环境更加吻合。

②在实际应用所需的网络覆盖得以满足的情况下，网络的连通性也比较理想，算法周期的执行减少了网络所需的计算量，

最终达到延长网络生命周期的目的。

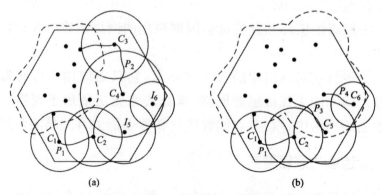

图 4-8　联通传感器覆盖的贪婪算法

③其实现方式可以按照实际要求从集中式、分布式来进行选择。

缺点：

①整个网络的查询返回结果的精度在照顾到连通性与网络的覆盖性同时并未得到保证。

②该方法比较理想，仅仅考虑到了消息的传递，却忽视了实际无线信道中出现的通信干扰和消息丢失。

3. 轮换活跃/休眠节点的 SeIf-Scheduling 覆盖协议

整个无线传感器网络的生命周期因使用了轮换"活跃"和"休眠"节点的 Self-Scheduling 覆盖协议而得到了有效延长，该协议在属于确定性面/点覆盖范畴的同时，也是一种节能型覆盖。在该协议中，用到了节点轮换周期工作机制，一个周期是由一个 Self-Scheduling 阶段和一个 Working 阶段组成的。

①在 Self-Scheduling 阶段：囊括了节点 ID 和位置（若传感半径不同则包括发送节点传感半径）的通告信息，会被各节点广播出去，广播范围为传感半径内的邻居节点；

②在 Working 阶段：一旦传感任务按照相关机制被节点接收时，该任务并不会被节点直接执行，而是需要先对其进行检查，如果经过检查后，确定可由其邻居节点来完成该传感任务的

话,该节点就会在收到一条状态通告信息之后转而进入"休眠状态",传感任务就可由其他节点来完成。一旦节点意识到其自身传感任务可被其邻居节点完成,而其邻居节点的传感任务刚好可由其完成,这个时候就出现所谓如图 4-9 所示的"盲点"。

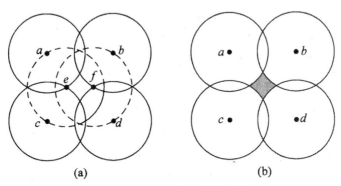

(a)　　　　　　　　　　(b)

图 4-9　网络中出现的"盲点"

在图 4-9(a)中,整个传感器的传感区域会被无论是节点 e 和还是节点 f 的邻居节点覆盖掉。e 和 f 节点会在其"休眠"状态的条件得到满足后将其传感单元转而进入"休眠状态",此后,不能被检测的区域就会出现,也就是所谓的"盲点",如图 4-9(b)所示。针对该问题,一个退避机制在节点做 Self-Scheduling 阶段检查之前执行:每个节点的检查工作将会在一个随机产生的 T_d 时间之后进行。除此之外,为了控制网络"活跃"节点的密度,可以在周围节点密度的基础上来计算退避时间。

优点:

①覆盖"盲点"问题得以避免,保证了网络的充分覆盖。

②节点的工作是按照轮换机制周期开展的,有效延长了网络生命周期。

③在传感器可靠性得到保证的同时还尽可能地降低了网络的冗余度。

④仿真实验表明,无论是对位置错误、包丢失还是节点失效,节点轮换机制都具有比较理想的鲁棒性,从而使网络的充分覆盖得到了保证。

缺点：

①只有整个网络能够完成时间同步支持后，相关应用需要的预先确定好节点位置才可得以实现，这就无形之中增加了传感器节点的负担，增加了能量消耗。

②使 WSN 区域上的边界节点进入休眠状态的难度加大，使延长网络生命周期的效果受到影响。

③需要寻找优化考虑活跃节点数量和网络覆盖效果之间的一个平衡点。

④节点轮换机制的适用情形有一定的局限性，无法在不规则节点感应模型中使用，只能用于传感器节点覆盖区域为圆周（或圆球）的情况。

参考文献

[1]孙利民等.无线传感器网络[M].北京：清华大学出版社，2005.

[2]王汝传，孙力娟.无线传感器网络技术导论[M].北京：清华大学出版社，2012.

[3]李善仓，张克旺.无线传感器网络原理与应用[M].北京：机械工业出版社，2008.

[4]崔可想.无线传感器网络分簇拓扑控制算法研究[D].无锡：江南大学，2013.

[5]张建轶.基于邻近图的无线传感器网络低功耗拓扑控制算法设计[D].北京：北京理工大学，2010.

[6]刘高强.WSN 中能量高效的拓扑控制的研究与仿真实现.沈阳：东北大学，2010.

[7]尚振飞.基于动态拓扑的无线传感器网络的研究[D].南京：南京邮电大学，2011.

［8］王艳梅.无线传感器网络的拓扑控制算法研究［D］.西安：西安电子科技大学,2009.

［9］王立志.基于冲突模型的拓扑算法的研究与实现［D］.南京：南京理工大学,2008.

［10］苏勇.面向无线传感网络的发布订阅系统研究［D］.杭州：浙江大学,2011.

［11］刘建国.基于 DRNG 的 WIA-PA 网络拓扑控制研究［D］.重庆：西南大学,2011.

第5章 无线传感器网络中间件技术

中间件技术是在软件技术发展过程中,为了简化应用程序的开发部署及解决不同平台互操作问题而发展起来的软件技术。本章主要介绍无线传感器网络中间件的体系结构、功能及典型的无线传感器网络中间件。

5.1 概述

5.1.1 无线传感器网络中间件概述

1.中间件概述

中间件为可复用软件,是基础软件的一大类。不难理解,操作系统软件与用户的应用软件之间是中间件存在的位置。操作系统和网络协议的差异可通过中间件得以屏蔽,为应用程序提供多种通信机制;且为满足不同领域的需要特提供了相应平台。

现在,中间件已经成为网络应用系统开发、集成、部署、运行和管理必不可少的工具。开放源代码组织的 DCE、对象管理组的 CORBA、微软的 COM/DCOM,以及 Sun 公司的 J2SE/RMI 等均为软件技术中广泛应用的中间件技术。分布式应用程序的开发工作在中间件平台的帮助下变得高效、灵活、快捷、低成本。

2.在 WSN 中引入中间件的原因

随着集成电路的不断发展,为了满足人们越来越多的应用要求,无线传感器网络无论是在硬件方面还是在软件方面均得到了长足发展。①硬件方面,随着芯片技术的不断发展,使得无线传感器处理器的速度越来越快;②软件方面,随着软件开发技术的不断发展以及新的软件开发工具的创建,适用于无线传感器网络的应用程序越来越多,即使是在一些网络的异构平台上,许多应用程序也可以得到很好地应用。无线传感器网络软件也因为这些应用场景的丰富,不得不面对一些新的挑战。随着人们对无线传感器网络的需求日益增多,往往需要面对多种类型传感器网络共存的局面,并根据应用需要对各种系统软件(如不同的操作系统、数据库、语言编译器等)进行配置。另外,可能是为了满足不同应用的需要,这些网络使用的网络协议和网络体系结构会有很大的差别。伴随着无线传感器的技术发展过程,传感器厂商可能是出于商业的角度也可能是出于技术利益的角度,使得有明显的差异存在于各自产品之间,产品的差异并未因为技术的不断进步而得以消除。对于无线传感器网络,众多产品之间的差异由一个厂商来负责统一显然是不现实的;由于技术深度和技术广度的要求,单独由用户在自己的应用软件中去弥补其中的大片空白,必然也是勉为其难。为了使由这些差异造成的问题得到解决,利用中间件技术通过屏蔽各种复杂的技术细节使问题简化,并把各种不同的应用系统集成起来开发新的应用。

从现有无线传感器网络的基础软件来看,大多数软件都只能适用于特定的硬件,且试验平台软件研究是其重点关注的对象,这样以来,就导致应用软件的开发在一定程度上复杂度比较高,对推动无线传感器在更多领域的应用非常不利。不同传感器网络的异构接口和对问题的不同抽象使网络集成和软件集成的代价比较昂贵,且其复杂度非常高,主要是因为还有许多重复的代码片段存在于不同软件体系间。另外,基于无线传感器网络的应用存在着安全问题,目前我国使用的无线传感器网络及其嵌入式软件系统多数来自国外,在某些涉及国家信息安全的部门,无线传感器网络负责不是普通的数据而是比较敏感数据的收集,如果这时候无线传感器网络有不可靠的问题的话,那么数据也就没有安全性可言。

综上所述,研究与实现无线传感器网络中间件技术具有重要的科技、经济和社会意义,并能带动相关产业的稳定可持续发展。

3. 无线传感器网络中间件

鉴于中间件技术在软件开发工程中能够带来的种种好处,人们将中间件技术引入到无线传感器网络中,这样以来,使得无线传感器网络中间件在具备传统中间件功能的同时,也很好地体现了无线传感器网络的种种优点。在无线传感器网络中,无线传感器网络的应用因为中间件技术的引入具有了适应性、可扩展性,与此同时,高效的数据传输路径和局部化目标的实现也不会因此受到任何影响,同时优化了整个网络,能够提供针对无线传感器网络的最佳应用方案支持。

由于无线传感器网络是由数量庞大的具有计算能力的无线传感器节点构成的,故整体看来,无线传感器网络是一个复杂的、规模大的分布式系统。从这个概念出发,无线传感器网络中间件技术是立足于无线传感器网络分布式处理的系统软件技术。

具体讲,无线传感器网络从上层应用到下层基础硬件,具有各自独立的层次,从底层的数据链路,到路由选择,到数据表示,到功能应用,一个完整的无线传感器网络应用得以构成。数据链路层是无线传感器网络基于无线通信的基础,通过简单的无线信令实现对信道的监听、使用,以及冲突的回避、处理方法。路由则是深层次地将分布式的无线传感器网络实现区域化,选择高效、可靠的路由线路实现数据的传输。经过路由层,系统带给上层的是大量应用数据,这些数据与具体应用密切相关,对一个感知应用系统而言,这一层则是对各种感知信号的表示方法,如温度的数值、光度的数值等。在这些数据的基础上,可以根据具体的应用,对数据进行功能划分,向外界提供具体的功能应用。这些从下到上的应用都是在无线传感器网络中实现的,由于无线传感器网络节点功能单一,处理能力有限,就会出现各种无线传感器网络的应用功能单一、应用的可扩展性不强、可移植性不高的情况,而且不同的无线传感器网络节点之间的交互性差。

无线传感器网络中间件则是针对以上缺点,贯穿数据链路、路由选择,到数据应用的一种分布式处理软件,零散的、单一的无线传感器网络节点通过它得以联系起来,并向上提供分布式服务,从而增强基于无线传感器网络的应用开发。

5.1.2　无线传感器网络面临的挑战

诸如目标检测、战场监视、反恐之类的军事应用最早推动了传感器网络应用。但是,传感器网络相对于传统网络的优势使得传感器网络具有很多其他潜在的应用,包括从基础设施安全到工业感知,如环境与栖息地监视、医疗卫生应用、家庭自动化、交通控制等。成功设计和开发一个 WSN 中间件层必须将WSN 特点和应用引起的许多挑战均考虑在内。

①有限能量与资源的管理。借助于微电子技术,人们能够设计只有一个立方厘米的微型装置。这种微小装置的能量有限、单独资源(如 CPU 和存储器)有限。将数百个甚至数千个这种微小装置布置在恶劣、敌对环境中,在这种情况下很难甚至不可能依靠人工替换和维护装置,唯一的远程访问方法就是无线媒介。因此,中间件应该提供处理器和存储器的高效使用机制以及低功率通信机制。一个传感器节点应该完成感知、数据处理、通信这三种基本操作,但是不会耗尽资源。例如,在能量意识中间件中,根据应用很可能装置的大部分组件(包括电台)在大部分时间被关电。

②可扩展性、移动性、动态网络拓扑。假如一个应用扩大，那么网络应该足够灵活，随时随地允许这种扩大而网络性能不会受到任何影响。随着网络的增大，有效中间件服务必须能够维持可接受的性能。故障、装置失效、移动障碍物、移动、干扰等因素均会对网络拓扑造成影响从而导致频繁变化。不论传感器网络动态性如何变化，传感器网络强壮操作、自适应网络环境的不断变化均应得到中间件的支持，此外，容错机制和传感器节点自构自维护机制也应得到支持。

③异类性。中间件应该提供低级编程模型，使硬件技术本身能力以及必需的广泛活动（诸如重构、执行、通信等）之间缺口所面临的挑战得以满足和弥补。中间件应该建立系统机制，与各种类型硬件和网络建立接口，这些系统机制只得到分布式、简单操作系统抽象的支持。

④动态网络结构。传感器网络必须处理如能量、带宽、处理能力等动态资源，必须支持长时间运行的应用，因此需要设计出高效的传输协议、路由协议、MAC 协议，使网络保持长时间运行。因为对网络的掌握对于网络正确操作是必要的，所以中间件应该提供 Ad hoc 网络资源寻找功能。传感器节点需要知道自己在网络及其整个网络拓扑中的位置，在有些情况下，采用 GPS 自定位不可能、不可靠或者费用昂贵。重要系统参数（如网络大小、每平方英里的节点密度等）均会对时延、可靠性、能量之间的综合平衡造成一定影响。

⑤真实世界综合。大多数传感器网络应用都是实时现象，其时间和空间均非常重要。因此，中间件应该提供实时服务和一致性数据，适应现象的实时变化。

⑥应用认知。应用认识设计原则决定了 WSN 中间件另一个重要而独特的属性。应用对 WSN 基础设施认识的注入机制也应当包含在中间件中，使应用开发人员将应用通信要求映射为网络参数，从而调整网络监视。许多现有中间件与特定应用结合在一起。但是，中间件应该支持广泛的应用。所以，开发人

员必须研究应用专一性与中间件通用性之间的平衡。

⑦数据累积。大多数传感器网络应用涉及特定区域内且包含冗余数据的节点。这些特点使得能够对来自不同源的数据进行网内累积,排除冗余数据,使对中心节点的发送最少。通信开销比计算开销高很多,因此网内累积会有相当大一部分能量和资源得以节省。累积将重点从传统的地址中心网络法转移到数据中心网络法。

⑧服务质量。不同的研究团体和技术团体对服务质量的定义不同。在 WSN 中,对服务质量的认识可从特定应用和网络两个方面来进行:特定应用 QoS 是针对特定应用的 QoS 参数(如传感器节点度量、布置、覆盖范围、活动传感器节点数量);网络 QoS 是如何支持通信网络才能够满足应用需求,同时高效使用网络资源(如带宽、能量、存储器、功耗等)。由于 WSN 资源有限、资源动态性、网络拓扑动态性以及无线传输的固有缺陷等原因,有线网络的 QoS 机制在 WSN 中无法使用。因此,WSN 中间件应该提供新机制,使长时间的 QoS 得以维护,甚至在所需 QoS 和应用状态发生变化后对 QoS 本身进行调整。WSN 中间件最佳设计的实现,应当根据各种性能(如网络吞吐量、数据交付时延、能耗等)之间的综合平衡来进行。

⑨安全。WSN 正在广泛应用于各种领域,涉及敏感信息,比如卫生健康和营救。在恶劣环境中布置大规模无绳 WSN 使 WSN 暴露在恶意入侵和攻击(如拒绝服务)之中。此外,无线传输媒介易于偷听和注入敌方分组,危害网络功能。所有这些因素使得安全至关重要。传感器节点能量和处理能力均有限,所以标准安全机制(实现复杂、实现代码量大、资源消耗大)在 WSN 中无法使用。这些挑战推动着和迫切需要开发全面而安全的解决方案,既实现较宽范围保护,又使所需要的网络性能得以维护。在设计和开发中间件软件的开始阶段,就应该开发和综合安全功能,使各种安全要求(如机密性、认证、完整性、信息新鲜、有效性等)得以实现。

5.2 无线传感器网络中间件体系结构及功能要求

5.2.1 无线传感器网络中间件的软件体系结构

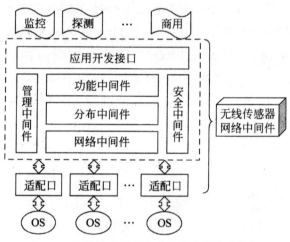

图 5-1 无线传感器网络中间件软件体系结构

无线传感器网络中间件软件体系结构如图 5-1[①] 所示。不同网络、硬件和操作系统平台上的数据共享及应用的互连和互操作可通过中间件具有的标准程序接口和协议来实现。在具体实现架构上,无线传感器网络中间件实现了对多个传感器节点操作系统的适配口,多个异构操作系统间的网络消息通信均可被监听到,这些通信数据通过各种中间件处理,例如网络中间件,可以支持多种路由间的动态选择,使无线传感器网络接入服务、网络连通性服务等得以完成;分布中间件,可以实现各种数据融合,向上提供最有效的数据;功能中间件,使代理(Agent)机制等得以实现;安全中间件为无线传感器网络应用业务实现

---

① 王汝传,孙力娟.无线传感器网络技术导论[M].北京:清华大学出版社,2012:111

各种安全功能(如安全监控、消息加密等)。最终根据执行在节点上层的应用,中间件提供应用所需的应用开发接口,使无线传感器网络的多种应用集成得以实现。无线传感器网络中间件的工作机制是一个分布式软件管理框架,具有强大的通信能力和良好的可扩展性。

5.2.2　无线传感器网络中间件的功能要求

传感器网络中间件的主要功能是支持基于感知应用的开发、维护、部署、执行,明确的复杂高级感知任务表述机制、将感知任务交付给 WSN 的机制、传感器节点协调机制(用于任务分解以及将(子)任务分散到各个单个传感器节点)、数据融合机制(将单个传感器节点的感知数据合并成高级数据结果)、数据结果报告机制(将融合得到的数据结果报告给中心节点)等均包含在内,此外还应该提供处理异种传感器节点的合适抽象和机制,提供一种通用技术来从外部应用访问传感器数据,形成面向服务、自上而下、连接外部应用的标准体系架构。

下面对基于事件的 WSN 中间件 Impala、采用数据驱动法的中间件 SINA 做重点介绍。

5.3　典型的无线传感器网络中间件

5.3.1　Impala

基于模块编程中间件将应用程序分解为更小的模块,支持应用程序的更新以节省能量。基于事件通知的通信模式,通常采用发布/订阅(publish/subscribe)机制,可提供异步的、多对多的通信模型,非常适合大规模的无线传感器网络应用。

　　Impala 是一种支持模块化、自适应性和可维护性的无线传感器网络中间件。采用基于事件驱动的模块化编程模式，对应用程序提供友好的编程接口，它的目的是在具体应用可以安装和运行的程序之上充任一个操作系统、资源管理器和事件过滤器。图 5-2 为 Impala 的系统体系结构（分层和接口）。Impala 主要有三层：从上到下依次是应用层、Impala 中间件层和固件层，服务和事件为层与层之间的接口。固件层通过服务接口为 Impala 提供许多硬件访问和控制功能；为了避免应用层直接使用固件层功能，Impala 以裁剪或受保护的方式为上层应用提供所需要的功能，并为应用层提供网络接口。

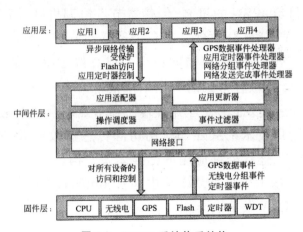

图 5-2　Impala 系统体系结构

　　所有的应用协议和程序均包含在应用层中，各个应用使用各种策略完成一个公共任务：采集环境信息并使用对等传输技术将信息传递给中心节点，每次运行的应用只有一个。

　　Impala 中间件除了包含操作调度器和网络接口之外，还包括应用适配器、应用更新器和事件过滤器这三类中间件代理。应用适配器使应用适应各种各样的运行期条件使性能、能量效率和鲁棒性得以提高。应用更新器通过无线收发器接收传播软件更新，并将它们安装在传感器节点上。事件过滤器捕获和向应用适配器和应用更新器派出事件，并启动过程链。Impala 具有 5 种类型的事件：①定时器事件，标识一个定时器定时结束的信号;②分组事件,表示一个网络分组已经传递到达的信号;③发送完成事件,标识一个网络分组已经发送完毕或者发送失败的信号;④数据事件,表示感知设备的数据采样已经准备好读取信号;⑤设备失效事件,一个设备失效的信号被检测到。应用适配器和应用更新器都被编入一个事件处理程序集合,当接收到事件时,事件过滤器就会将事件处理器激活。Impala 支持基于参数和基于设备的适配。一个应用适配器的例子是:当检测到一个设备失效时,基于历史的协议被切换到洪泛协议。

访问和控制各种硬件组件的软件均包含在固件层中,主要有:①CPU,给 Impala 提供基于系统性能要求的 CPU 方式控制;②无线电,给 Impala 提供数据发送和数据接收能力;③GPS,给 Impala 提供一个获取时间和位置数据的异步接口;④Flash,给 Impala 提供 Flash 访问和控制功能;⑤定时器,给 Impala 提供最多 8 个软件定时器;⑥看门狗(WDT),给 Impala 提供系统监控和恢复能力。

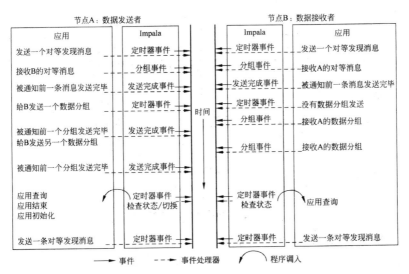

图 5-3　基于事件的应用编程模型的时序例子

图 5-3 是 Impala 基于事件的应用编程模型的例子。将应用、应用适配器、应用更新器全部纳入一个事件处理器集合中,当收到有关事件时,这些事件处理器就会被事件过滤器调用。

应用必须实现定时器处理器、分组处理器、发送完成处理器和数据处理器这四个事件处理器。此外,为了辅助应用适配器查询应用和应用切换,还要求应用实现应用查询、应用结束和应用初始化这三个应用。

Impala 利用定时器触发各种操作,图 5-4 给出了 Impala 常规操作的时序调度图:一个节点重复数据的发送和接收、获取 GPS 位置、休眠。

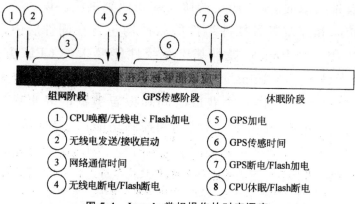

图 5-4 Impala 常规操作的时序调度

图 5-5 是 Impala 的事件处理模型。Impala 实现的抽象事件有四种类型,事件由事件信号源产生和送入事件队列,事件过滤器完成事件的出队列和派发,事件处理器完成对事件的处理。

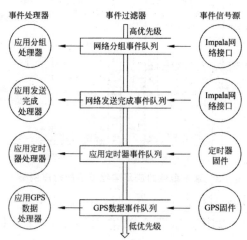

图 5-5 Impala 事件处理模型

5.3.2　SINA

　　传感器信息网络化体系结构(Sensor Information Networking Architecture,SINA)将一个传感器网络模拟为一个大型分布式目标群,具有中间件的效果,允许传感器应用向网内发送查询和控制任务、从网内收集应答和结果、监视网内变化,如图 5-6(a)所示。SINA 模块在每个传感器节点运行着。SINA 模块提供传感器信息自适应结构,辅助查询、事件监视、任务分配能力,如图 5-6(b)所示。

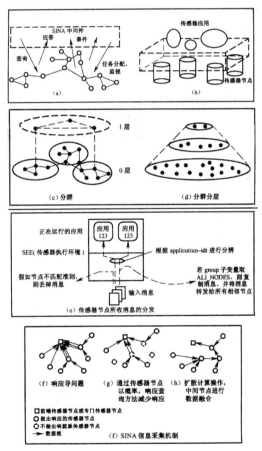

图 5-6　SINA 说明图

在通常的分布式数据库中,信息分布在若干个地点,而传感器网络中的信息分布地点数量和传感器数量保持一致,每个传感器收集的信息自然成为该节点的一个组成部分(或者属性)。为了支持能量高效以及可扩展操作,传感器节点自动分群。由于传感器信息的数据中心特性,所以采用基于属性的命名方法(而不是采用直接地址)对传感器信息的访问能够更加有效地进行。

1. SINA 的功能组成

由分层分群、基于属性的命名、位置意识功能块共同组成了SINA 中间件。下面分别加以详述。

(1)分层分群

为了便于传感器网络内部的可扩展操作,应该根据传感器节点的能量等级以及邻近关系对传感器节点进行分群组织,如图 5-6(c)所示。递归应用分群方法建立分层分群网络结构,如图 5-6(d)所示。在一个分群内部选择一个群首节点负责执行信息过滤、融合。分群过程的重新初始化伴随着群首失效或者电池能量较低发生。当分群分层结构不合适时,应用将传感器网络看作只有一层的分群结构,此时每个节点本身就是一个群首。

(2)基于属性的命名

当网络规模很大时,关注单个传感器节点是没有任何意义的。用户更应该关注查询哪个(哪些)区域的温度高于 100 °F 或者东南区的平均温度,而不是关心特定传感器 ID=101 的温度。为了推动传感器查询的数据中心特性,较为理想的是基于属性的命名方法。例如,名称[type = temperature, location = N-E, temperature = 103]描述东北区所有传感器感知的温度为 103 °F,这些传感器应答的查询是"那个(那些)区域的温度高于 100 °F。

(3)位置意识

传感器节点在自然环境中工作,掌握自己的物理空间位置非常重要,可以采用网络定位技术(如 MDS、TPS、噪声距离测量法)获取传感器节点的位置信息,也可以采用其他网络定位技术。在条件允许的情况下也可以采取 GPS。GPS 提供绝对位置信息,但是考虑到经济原因,只给一个传感器节点子集配备 GPS 接收机,这些节点周期性发送信标信令,将自己的位置信息告诉其他节点,起着位置参考的作用,其他没有配备 GPS 接收机的节点就能够大致确定自己的地理位置。

2. 信息抽象

在 SINA 中,将一个传感器网络看成一个数据表集合,每张数据表包含每个传感器节点的一个属性集合,每个属性称为一个蜂窝,传感器网络的数据表集合表示联合电子数据表(Associative Spreadsheet),通过基于属性的名称将联合电子数据表中的各个蜂窝表示出来。开始时,只有少量预先定义的属性存在于每个传感器节点的数据表。这些传感器节点一旦布置完毕并且形成一个传感器网络的时候,就可以通过评估有效蜂窝结构表达式,可以从其他蜂窝获取信息,从而接收其他节点的请求(比如来自其群首的请求)而建立新蜂窝,调用系统定义的函数,或者累积来自其他数据表的信息。

每个新建蜂窝必须得到唯一命名并且成为某个节点的属性,该属性或者取单个值(如剩余电池能量)或者取多个数值(比如过去 30min 内温度记录的变化)。通过综合运用分层分群机制和基于属性的命名法,SINA 提供一个功能强大的操作集,处理传感器节点间的数据访问和数据累积。借助于联合电子数据表机制,SINA 更容易实现节点间通过属性命名的交互。

3. 传感器查询与任务分配语言(SQTL)

传感器查询与任务分配语言(Sensor Query and Tasking Language,SQTL)是 SINA 的一个组成部分,起着传感器应用与 SINA 中间件之间的编程接口作用。SQTL 是一种程序脚本语言,具有面向对象的特点,灵活、紧凑,简单的公开查询声明能够得到解释。SQTL 语言结构包括:算数操作符($+$,$-$,$*$,$/$),比较操作符($==$,$!=$,$<$,$>$),布尔操作符(AND,OR,NOT),分配(assignment),有条件结构(if-then-else),循环结构(while),目标实例化(new),事件处理结构(upon)。没有变量声明块,可以按需创建任何类型变量。SQTL 大多数语言结构的使用方法与其他程序语言保持一致。

SQTL 提供传感器硬件访问原语[比如 getTemperature-Sensor( )、turnOn( )、turnOff( )]、位置意识原语[比如 isN-orthOf( )、isNear( )、isNeighbor( )]以及通信原语[比如 tell( )、execute( )、send( )],提供实现基本数据结构的类(比如排列、链表)。数据累积函数(比如最大、最小、平均)在数据结构也比较常见。SQTL 还提供一个事件处理结构,该结构适用于这类传感器网络应用:传感器节点被编程为处理异步事件(比如接收一条消息或者定时器触发的一个事件)。程序员通过使用 upon结构就能够实现一个事件处理模块的创建。目前,SQTL 支持以下三类事件:

①一个传感器节点接收到一条消息时产生的事件,采用关键字 recede 定义;

②定时器周期性触发的事件,采用关键字 every 定义;

③定时器定时结束时产生的事件,采用关键字 expire定义。

一条 SQTL 消息包含一个脚本,网络中任何一个传感器节点解释和执行本条 SQTL 消息。为了使一个脚本针对一个特定接收节点或者一个特定接收节点组,可借助于 SQTL 封装头来实现 SQTL 消息的封装。SQTL 封装头作为消息头,说明发送节点、接收节点、这些接收节点上运行的特定应用以及该应用的参数。

SQTL 封装头采用 XML 语法定义应用层头,应用头说明

属性名称的复杂寻址方法。SQTL 封装头常用组成域详见表
5-1[①]。

表 5-1　SQTL 封装头常用组成域

变　量		含　义
sender		一个 SQTL 消息封装头的发送节点
	receiver	由两个子变量 group、criteria 说明的可能接收节点
	group	说明接收节点组的接收节点子变量，其取值只能是 ALL_NODES 或 NEIGHBOES
	criteria	说明接收节点选择准则的接收节点子变量
application-id		相同传感器网络中每个应用的唯一 ID 号
num-hop		离网关节点（中心节点）的转发跳数距离
language		说明有效载荷域（content）中采用的语言
content		有效载荷，一个程序、一条消息或者返回值均包含在内
	with(optional)	程序中使用的可选参数数组，从发送节点传递给接收节点
	parameter	可重复的子变量，含变量 type、name、value
	type	该参数的数据类型
	name	该参数的名称
	value	该参数的取值

4. 传感器执行环境（SEE）

在每个传感器节点上运行的传感器执行环境（Sensor Execution Environment,SEE）负责分发输入消息、检查到达的所有 SQTL 消息、对 SQTL 消息中说明的每种动作采取适当操作。SEE 检查 SQTL 消息内的 receiver 变量，并根据其取值从而决定是否将该条 SQTL 消息转发给下一个转发跳。其 group 子变量取值为 ALL_NODES 的消息将被转播给网络中的每个传

---

① 陈林星.无线传感器网络技术与应用[M].北京:电子工业出版社,2009:361

感器节点,其 group 子变量取值为 NEIGHBORS 的消息只被转发给本节点的一跳相邻节点。比较 criteria 域中说明的属性-取值对表中的属性名称、接收节点数据表中存储的接收节点属性:假如该节点的属性满足准则,则 SEE 接收该消息。

一旦一个 SQTL 脚本从前端节点(一个与网络直接连接的特殊节点)注入到一个或者多个传感器节点,那么这个脚本就自动向前传递给其他节点,使所分配的任务得以完成。然后在每个传感器节点产生一个结果后产生一条 tell 消息,并将该消息回送给请求节点,请求节点通常就是将脚本发送下来的上行节点。SEE 的输入消息分发过程如图图 5-6(e)所示。

SEE 除了完成输入 SQTL 消息的分解之外,还要处理所有正在运行中的应用输出的 SQTL 消息:采用低层通信机制将应用输出 SQTL 消息分发给本消息头中 receiver 变量指定的目标节点。SEE 可能将属性名称转换成唯一的链路层可用数字地址。否则,该消息可通过链路层广播。

5. 信息收集方法

对于利用 SINA 体系结构的应用,传感器节点间的低层通信机制至关重要。通过提供支持特定应用要求的高效数据分发和信息采集,SINA 抽象化低层通信,使高层传感器应用远离低层通信。当用户提交查询时,并不对用户如何从传感器网络内收集信息做任何明确定义。SINA 体系结构根据查询类型和当前网络状态选择最合适的数据分发和信息收集方法。前端节点接收到用户的查询后,负责查询解释,向其他节点请求信息,即可得到查询效果。若是全部节点做出响应,那么回传给前端节点的大量响应产生碰撞,从而出现响应暴问题,如图 5-6(f)所示。信息采集机制的目的是响应质量最佳,即响应和响应数量最佳,同时网络资源消耗最少。

采用采样操作、自协调操作、扩散计算操作这三种方法来完成信息采集任务。

（1）采样操作

对于特定类型的应用（如确定整个网络区域的平均温度），每个传感器节点的响应可能产生响应暴问题。为了减轻响应暴问题，有些传感器节点若是其相邻节点已做出响应则无须做出响应。传感器节点根据给定的响应概率自动决定自己是否应该参与应用，如图 5-6（g）所示。

假如传感器节点不是均匀分布在区域中，那么将上述方法改进即可。为了防止密集区域产生过多响应，每个群首节点根据每个分群所要求的应答数量计算响应概率，将这种操作称为自适应概率响应（Adaptive Probability Response，APR）。

（2）自协调操作

在节点数较少的网络中，所有节点响应查询对于最终结果的精确度是非常关键的。每个节点将其响应发送推迟一段时间为防止响应暴的另外一种方法。这种方法尽管会增加一些时延，但是能够降低碰撞机会，使总体性能得以有效提高。

假定节点均匀分布在网络地理区域中，因此远离前端节点 h 个转发跳的节点数量和 h^2 成正比关系。每个节点的响应时延定义为 $T_{\text{delay}} = KH(h^2 - (h-1)r)$，其中，$r$ 表示随机数（$0 < r \leqslant 1$），H 为每个转发跳时延估计常数，K 是一个补偿常数，补偿因子 K 是为了考虑排队时延和处理时延的影响，K 和 H 通常作为联合可调参数。

（3）扩散计算操作

对于扩散计算操作，假定每个传感器节点只知道其直接相邻节点。信息采集算法受到每个节点只能与其邻近区域内节点通信的限制。在传感器节点间分发 SQTL 脚本中编写的信息累积逻辑，使这些传感器节点知道如何累积传输途中传递给前端节点的信息。图 5-6（h）描述了一个概念数据流。因为数据在传输途中被中间节点累积，所以有效带宽的占用有了非常明显地减少，从而减轻了响应暴问题。但是，对于大规模传感器网络，扩散计算操作可能需要耗费较长时间才能将响应回传至前端节点。

SINA 采用分层结构,对于同一个应用,不同的层可以采用的信息收集方法也不相同,优化系统总体性能。在 SINA 中可以采用 SPIN 协议,SPIN 协商过程能够减少带宽的使用。通过将 SPIN 和 SINA 综合在一起,SINA 能够进一步节省网络资源。

参考文献

[1]王汝传,孙力娟.无线传感器网络技术导论[M].北京:清华大学出版社,2012.

[2]陈林星.无线传感器网络技术与应用[M].北京:电子工业出版社,2009.

[3]杜亚龙.基于 Flex 的传感器网络中间件管理系统的设计与实现[D].沈阳:东北大学,2011.

[4]顾志刚.温室无线传感器网络中间件的研究[D].镇江:江苏大学,2009.

[5]李志刚.浅析计算机中间件[J].电子世界,2013(01).

[6]李士军.基于数据日志变动的消息中间件技术研究[D].长春:长春理工大学,2009.

[7]王林,姜杰.无线传感器网络中间件技术研究综述[J].计算机工程与科学,2014(02).

[8]张研.几种常用中间件的比较分析[J].甘肃科技纵横,2011(03).

[9]顾传力.基于角色的无线传感网络中间件研究[D].长沙:湖南大学,2011.

[10]熊艳.面向嵌入式图像处理系统的中间件研究[D].南昌:华东交通大学,2009.

第6章　无线传感器网络的数据
融合与数据管理技术

无线传感器网络通常由大量传感器节点构成,共同完成各种环境感知、信息采集和目标监视任务。为完成任务,传感器节点需要采集大量数据信息,并将所采集到的数据信息传送给用户中心进行处理。由于传感器节点的部署一般比较密集,相邻节点所采集到的数据信息往往具有较大的相关性,造成网络中存在较大信息冗余,从而增加通信能耗,降低通信效率,缩短网络寿命。因此,无线传感器网络需要采用高效的数据融合(Data Aggregation)技术来降低乃至消除网络中存在的数据信息冗余,提高网络的通信效率和能量效率,延长网络寿命。传感器网络数据管理的目的是把传感器网络上数据的逻辑视图(命名、存取和操作)和网络的物理实现分离开来,使得传感器网络的用户和应用程序只需关心所要提出的查询逻辑结构,而无需关心传感器网络的细节。下面重点介绍无线传感器网络的数据融合和数据管理技术。

6.1　数据融合技术概述

6.1.1　无线传感器网络数据融合的概念

为了满足大多数无线传感器网络应用的需求,大量传感器节点以很高的密度被部署着,以便各种环境感知、信息采集和目标监视任务得以共同完成。由于节点的部署密度高,当所采集的数据来源于相邻节点时往往有较大的相关性或信息冗余。于是,各节点会将有较大相关性和信息冗余的信息不经任何处理发给汇聚节点,此过程中汇聚节点收到的有效信息特别少,且伴随大量有限能量资源的消耗,最终导致网络寿命的缩短。此外,在 MAC 层,频繁的碰撞或冲突的发生会因多个节点同时向汇聚节点传送数据而无法避免,导致网络的拥塞,使数据的传输效率无法得到保证,最终使信息采集的实时性受到影响。

针对以上问题,提出了数据融合这一解决办法。数据融合是一种多源数据处理技术。数据融合的核心理念:在无线传感器网络中收集数据时,基于传感器节点的软硬件技术,对所采集的数据做进一步处理,删掉冗余信息,为节点所需传输的数据"瘦身",同时处理多个不同节点的数据,使汇聚节点能够收集到比单个节点能够收集的更有效、更能够满足用户需求的数据信息,最终达到提高资源利用率、延长网络寿命的目的。

在很多无线传感器网络应用场所中,均可见到数据融合技术的身影。例如,在目标自动识别系统中,判断目标的准确性在一定程度上会因对多个节点采集到的目标特征数据进行融合处理得到有效提高;在火灾监测系统中,准确度更高的空间温度分布情况随着对多个感温节点探测到的温度数据进行融合处理而得到。

6.1.2　数据融合的作用

在传感器网络中,数据融合的作用主要体现在以下三个方面。

1.节省能量

大量的传感器节点部署到监测区组成了无线传感器网络。部署网络时,鉴于单个传感器节点的监测范围较小且不够可靠,为了使这个网络的鲁棒性和监测信息的准确性得以提高,要按照一定的密度要布置传感器节点,这样的话,多个节点的监测范围互相交叠也就无法避免,最终导致信息冗余的发生。如在对温度进行检测的无线传感器网络中,每个位置的温度监控工作可能会有多个传感器节点来完成,如果不经过数据融合的处理,汇聚节点收到的温度数据相似度会非常高或完全相同,整个过程伴随着更多能量的消耗。

针对上述情况,数据融合可在网内对冗余数据进行处理,即在对数据进行转发前,中间节点先对数据进行综合,删去冗余信息,使所要传输的数据在能够满足应用需求的情况下尽可能地少。在网内对数据进行处理时,消耗的是节点的计算资源和存储资源,这比传送数据时消耗的能量在很大程度得以减少。相关研究报告指出,如果借助于 Micadot 节点,其发送一个比特的数据所消耗的能量约为 4000nJ[①],而处理器执行一条指令所消耗的能量仅为 5nJ,可以看出能量消耗的差别非常大。因此,能够网内进行数据处理的尽量在网内处理一下,尽可能地减少数据的传输量,最终达到节省能量的目的。理想状况下,n 个长度相等的输入数据经中间节点可分组合并成 1 个等长的输出分组,经过融合处理后,完成数据传输只需消耗未进行融合所消耗能量的 $1/n$;最差情况下,数据量并未因融合操作而有所减少,但信道的协商或竞争过程造成的能量开销因分组个数的减少得以有效减少。

随着集成电路和电子信息技术的不断发展,处理器的处理速度有了很大程度的提高,同时也伴随着能耗的降低,故在数据融合过程中,借助于低消耗的计算资源能够最终达到节省能量的目的。

2. 提高信息的准确度

无线传感器网络由大量低廉的传感器节点共同组成。为了

---

① 孙利民等.无线传感器网络[M].北京:清华大学出版社,2005:260

满足应用的需要,传感器节点部署在各种各样的环境中,使所获信息的可靠性比较低。所获信息的低可靠性是由以下原因导致的:

①出于成本的考虑及节点体积所限,节点传感器精度都不高。

②借助于无线通信进行的数据传输,更易因受到干扰而遭破坏。

③恶劣的工作环境除了能够影响到数据的传送外,还会破坏节点的功能部件,使其正常工作无法得到保障。

鉴于此,仅收集少数几个分散的传感器节点的数据就想使信息的正确性得到保证几乎是不可能实现的,故需要综合通过对监测同一对象的多个传感器所采集的数据,最终使所获得信息的精度和可信度处于较高水平。另外,由于同一区域可由邻近的传感器节点来进行监测,其获得的信息之间相似度极高,若收到了来自个别节点报告的错误的或误差较大的信息,在本地处理中可借助于简单的比较算法将其排除掉。

注意,虽然集中融合可以在全部数据单独传送到汇聚节点后进行,但此法的结果精度跟在网内进行融合处理的结果精确相差甚远,其融合错误的可能性无法从根本上避免。数据融合一般需要如数据产生的地点、产生数据的节点归属的组(簇)等数据源局部信息的参与。相同地点的数据,若属于不同的组其代表的数据含义可能差别非常明显。如对于树下和树上的节点分别测量不同高度情况下目标区域的温度,虽然从二维环境的角度来看它们所处的位置一样,但无法实现这两个节点的温度数据之间的融合。局部信息融合的优势之所以比集中数据融合优势明显,就是这些局部信息的参与所导致的。

3.提高数据的收集效率

在网内进行数据融合,可提高网络的数据收集效率。数据融合减少了需要传输的数据量,有效减轻网络的传输拥塞,使数据的传输延迟处于较低水平；即使有效数据量不会发生任何变化，但数据分组的个数会因对多个数据分组进行整合得以减少，使传输中的冲突碰撞现象得以有效减少，从而使无线信道的利用率得到有效提高。

6.1.3　数据融合模型

网络通信的能量消耗、数据传输的准确性、数据融合效率和网络延时控制等均为 WSN 主要考虑的因素。WSN 是任务型网络，数据融合模型可分为追踪级结构模型、数据级结构模型和多 Agent 融合模型。

1. 追踪级结构模型

WSN 中大量节点将感知数据经单跳或者多跳传输至融合节点，经过融合节点执行融合操作后，最终传至网关节点。从数据的传输形式和数据的处理层次进行分析的话，追踪级模型可以分为集中式结构和分布式结构这两种类型。

①集中式结构。这种结构模型的特点是由网关节点通过广播任务的兴趣或者请求，接收到兴趣广播信息的节点将数据发给网关节点，网络中自己执行相关的融合操作只有网络节点，如图 6-1[①] 所示。信息量丢失比较少体现了该种结构的优点。然而 WSN 节点密度较大，邻近区域的传感器节点对同一观测目标在相同时刻的数据基本相同或者一样，这样大量的冗余信息的产生也就无法避免，最终导致浪费不必要的能量。

---

① 赵仕俊，唐懿芳.无线传感器网络［M］.北京：科学出版社，2013：205

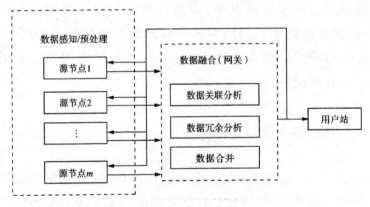

图 6-1　集中式结构

②分布式结构。该种结构数据传输方式为：源节点将数据发送到簇头节点，簇头节点获取分组的数据信息，执行特定的融合操作后再汇报给网关节点，最后对数据的综合处理由网关节点完成，如图 6-2 所示。和集中式结构比起来，该类型能提高数据的效率，最终达到提高无线信道效率的目的。

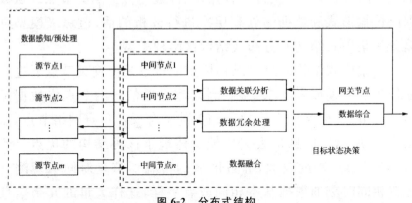

图 6-2　分布式结构

2.数据级融合结构

在目标识别类型融合基础上，才会有数据级信息的融合。在 WSN 中，传感器节点综合处理分析感知的数据，将关键特征提取出来，再使用模式识别的方法完成数据的融合操作。数据级融合结构由以下三个层次组成数据层融合结构、特征层融合结构和决策层融合结构。

①数据层融合结构。该种结构是基于多个传感器采集的原始数据,对接收到的同类型传感器的数据直接执行融合操作,在此基础上再进行特征提取和属性判决。在大部分情况下,与用户需求无关,与传感器的类型密切相关。

在某些无线传感器网络应用中,数据级融合还被称为像素级融合,执行的操作涉及聚类或重组像素信息,删除图像中的冗余数据等。由于数据多,数据之间的相似度高,也就意味着融合操作的计算量非常庞大。数据层属性融合是最底层的融合。

②特征层融合结构。这种结构是指首先处理各个传感器节点的数据,然后将关键特征提取出来,再执行融合操作。关键特征的提取就是将传感器采集到的数据转化为能体现目标根本属性的特征向量。特征层属性融合的关键是提取有效的关键特征,将无效甚至对立的特征数据去除。该层进行融合操作的数据量、计算量都不大。例如在监测温度的应用中,使用三元组(地区范围、最高温度、最低温度)的形式来表示;监测图像信息时,用 RGB 值表示图像的颜色特征。

③决策层融合结构。决策层属性融合是在特征级融合的基础上,对监测目标做进一步的加工,聚类判别,最后得到决策信息。各个传感器单独做出决策后,将决策信息传输到融合中心做最终决策。和前两层比起来,该层融合操作的数据量、计算量最小。决策层融合是最高层次的融合,它根据用户的应用需求做出高级决策。因此,可以说决策层的融合是面向应用的数据融合。

3. 多 Agent 融合模型

Agent 指在一定的区域内具有自主性、连续性和代理性等特点的信息处理实体,对外界环境发生的事件能够自发地做出感应。它拥有自己的数据库和推理规则库。多 Agent 融合系统是由多个 Agent 个体之间相互协商、彼此合作、协同处理组成一个整体。在多 Agent 系统中，单个 Agent 的存储、计算、处理能力都是处于一个比较低的水平，一般都是相互协作来完成比较复杂艰巨的任务。

多 Agent 数据融合系统一般用于提升数据融合增益、实现数据同步传输和任务协同处理。图 6-3[①] 为多 Agent 数据融合系统模型结构。在该结构中，网关节点作为数据融合的中心，融合操作通过普通节点 Agent 与网关节点融合，再由网关节点与网关节点两者共同协商完成。如果将网关节点从广播兴趣消息到最后得到融合结果的过程看作一次任务的执行过程，那么该过程详细的协商策略就是：数据融合中心把系统任务传送给能单独完成这项任务的节点，也能够协同合作完成该项任务的一组传感器节点。每个节点依据其自身实际的需要和相关的节点进行协商合作，该过程将会持续到网关节点发出下一个任务。

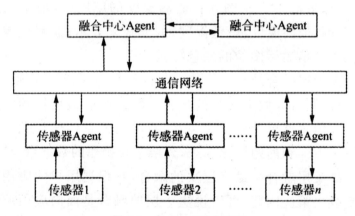

图 6-3　多 Agent 融合结构

① 赵仕俊,唐懿芳.无线传感器网络[M].北京:科学出版社,2013:207

6.2　无线传感器网络的数据融合方法与策略

6.2.1　无线传感器网络的数据融合方法

在无线传感器网络数据融合中,传感器节点需要融合出来来自不同节点的数据,将冗余数据删除。为了满足不同应用的需要,数据融合就需要采用不同的融合处理方法。截止到目前,以下几种方法是在无线传感器网络数据融合中比较常用。

1. 综合平均法

综合平均来自多个传感器节点的数据,即为将来自于一组传感器提供的数据做加权平均处理,以其结果作为融合值。可以看出,该方法非常简单、直观,在同类传感器对同一目标进行观测时的数据融合可以使用该方法。

2. 卡尔曼滤波法

在传感器节点观测模型的统计特性的基础上,递推地确定使融合数据的估计值得以递推地确定下来,且使其在统计意义下处于最佳效果。如果系统可借助于一个线性模型来进行描述的话,且高斯白噪声模型均适用于系统与传感器的误差,则为数据融合卡尔曼滤波可以提供唯一统计意义上的最优估计。在动态实时多传感器冗余数据的融合中可以使用该方法。

3. 贝叶斯估计法

在概率原则的基础上,贝叶斯估计法能够有效融合来自多个传感器节点观测的数据,同时能够将其观测的不确定性以条件概率的方式表示出来。当传感器节点的观测坐标一致时,可直接对观测数据进行融合。当传感器节点的观测坐标不一致时,则需要采用间接方式对观测数据进行融合。在静态环境中多传感器节点数据的融合可使用贝叶斯估计法。

4. 统计决策法

不难理解,统计决策理论是统计决策法的基础。统计决策法观测的不确定性体现在可加噪声方面,扩大了不确定性的适用范围。在统计决策法中,鲁棒综合是不同传感器节点观测到的数据务必要做的一个测试,从而实现数据一致性的检验。在鲁棒极值决策规则的基础上,融合处理经过一致性检验的数据。

5. 模糊逻辑法

在无线传感器网络中,某种模糊性的现象存在于传感器节点所观测的目标特征上,模糊逻辑法即基于此,能够识别和分类观测目标,在此基础上使标准观测目标和待识别观测目标的模糊子集得以顺利建立起来,从而实现对多个传感器节点的观测数据的融合。要基于各种各样的标准观测目标来建立模糊子集,同时还要实现合适的隶属函数的建立。

6. 神经网络法

神经网络法是模仿动物的神经行为特征的一种信息处理技术,其处理信息时是以大量简单处理单元来进行的,这些处理单元之间是相互连接和相互作用的。该方法具有非常强大的容错性和自组织、自学习和自适应性,尤其是其较强的非线性处理能力,能够很好地满足多传感器节点数据融合技术的要求。

7. 压缩感知法

压缩感知法可谓是一种全新的数据获取方法。利用压缩感知法,只要所感兴趣的信号是可压缩的(或者是可稀疏表示的),

即使采样的速率跟 Nyquist 有很大出入，也能精确恢复原始信号。在数据获取时，压缩感知法能够有效突破 Nyquist 采样定律的制约，使存储、传输和处理起各种自然信号方面非常方便。目前，已经在无线传感器网络领域得到初步关注。

在实际无线传感器网络应用中，可能同时使用几种数据融合方法，以便更好地实现数据融合。

6.2.2　无线传感器网络的数据融合策略

为了使数据融合得以高效地进行，就需要借助于数据融合策略，为数据融合在路由、拓扑控制等方面提供必要的条件。下面介绍几种比较常用的无线传感器网络的数据融合策略。

1. 基于路由的数据融合策略

以数据为中心是无线传感器网络路由的一大特点，这要求在传递数据的过程中，中间节点能够根据数据的内容将来自多个源节点的数据做融合处理，在降低数据冗余度的同时保证数据的准确性，从而使传输的数据在能够满足应用需要的同时保持最小的量，最终达到节省能耗的目的。鉴于路由跟数据融合的性能密切相关，高效的数据融合需要高效的路由方案来作支撑。

（1）基于查询路由的数据融合策略

在基于查询的无线传感器网络中，指定区域的传感器节点会源源不断地收到来自信息处理中心或汇聚节点发来的查询（Query）消息，方便传感器节点做数据收集的工作。收到查询消息后，传感器节点会把所监测到的数据按照预先选择好的路径传送给汇聚中心。在传统的以地址为中心（Address-Centric）的路由中，所有源节点路由数据独立存在于其他节点，不用考虑数据的中途融合问题。该情况下，最短路径路由为理想策略。区别于以数据为中心的路由，选择路由时，不同路径的数据融合机会和效率也是需要源节点来进行考虑的。该情况下,最短路径路由未必是理想策略。图 6-4 给出了两种路由方式的区别。

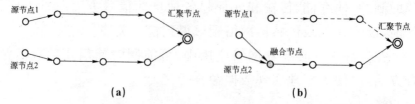

图 6-4　以地址为中心的路由和以数据为中心的路由的区别

(a)以地址为中心的路由;(b)以数据为中心的路由

在以数据为中心的路由中,数据融合往往需要数据在传送给汇聚节点的过程中尽可能早地完成,这样传输的数据量就会有最大程度地减少。然而在实际应用中,由于目标节点的地理位置和网络节点的分布状态并不是全部保持一致的,故会有不同的传输路径,最终导致数据融合时机的差异。较早进行数据融合与较晚进行数据融合的两种情况如图 6-5 所示。

除此之外,在以数据为中心的路由中,通常会有一棵树(数据融合树)形成于各源节点到汇聚节点的传输路径之间。在对数据进行收集时,汇聚节点往往是基于该树,将数据从分散的传感器节点逐步汇集起来。

(2)基于分层路由的数据融合策略

图 6-5　不同时机进行数据融合示意图

(a)数据融合进行的较早;(b)数据融合进行的较晚

为了获得高效的数据融合,基于分簇方法,无线传感器网络中的节点组织成分层结构。在该分层结构中,网络是由一组簇构成的,数据的发送仅发生在每个簇内的各成员节点及其簇头之间,在收到各成员节点发来的消息后每个簇头都会对数据做融合处理,然后簇头会将处理之后的数据发送给汇聚节点。不难看出,是基于分层路由完成网络数据融合的,如图 6-6 所示。

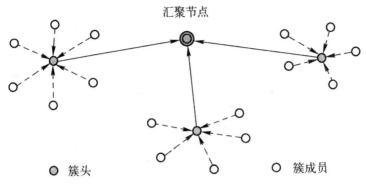

图 6-6　基于分层路由的数据融合策略

在基于分层路由的数据融合策略中,簇头的选举或分簇过程为影响数据融合性能的核心因素之一。例如,在 LEACH 协议中,可以随机选一组传感器节点为簇头,其他节点可在簇头中选出一个来作为自己的簇头节点,且需加入该簇头所管理的簇。发送给汇聚节点的数据可由簇头节点来控制,且簇头可直接进行和汇聚节点之间的通信。由于簇头的选举不是必然的,且簇头往往会忽视其相邻节点,故分簇往往会导致不均衡性存在于簇的范围和簇成员数目方面。在 HEED 协议中,分簇过程不是一步到位的而是经过多次迭代完成。在每次迭代中,一个节点会有成为簇头的可能性,具有最小簇内通信开销的簇头节点会被其他所有非簇头的节点来选出来作为自己的簇头。因此,和 LEACH 协议的不均衡性相反,HEED 协议所创建的簇是均衡的,数据融合的性能也因此受到很大影响。

(3)基于链式路由的数据融合策略

在 LEACH 协议中,汇聚节点会收到直接来自于簇头节点做融合处理后的数据,该过程伴随着能量的消耗,那些距离汇聚节点较远的簇头尤其如此。链式路由是为了改善 LEACH 协议,链式路由协议(PEGASIS)被人们提出来。在该路由协议中,每轮能够向汇聚节点发送数据只允许一个首领(Leader)节点,且数据的发送只能发生在该节点和它在链上的相邻节点之间,区别于 LEACH 协议中直接向其簇头发送数据。在收集数据之前,基于一种贪心算法或由汇聚节点实现一条链的构造,网络中的节点能够在链上随机选取一个节点作为链的首领。链的两端会收到来自于首领的一个收集数据的请求(Token),就会开始向首领传送数据;位于端点和首领之间的节点会将收集到的数据与自己的数据做融合处理;更靠近首领的相邻节点会收到经过处理的数据。最后,首领节点会融合处理来自于链两端接收到的数据与自己的数据,将做最后处理的数据发送个汇聚节点,其过程如图 6-7 所示。在链的构造过程中,假设网络的全局信息(特别是各节点的位置信息)被全部节点所获知。

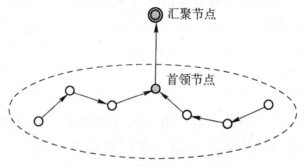

图 6-7　基于链式路由的数据融合

在基于链式路由的数据融合策略中,每个节点发送数据的距离几乎都是最短的,其只有一个节点与汇聚节点进行通信,故该策略和其他基于路由的数据融合策略比起来更加节省能耗。然而该策略完善度仍不够高,例如数据传送的平均延迟有了一定程度的增加。此外,鉴于传感器节点的易失效性,数据收集失败率也会因链式路由结构的脆弱而有所增加。

2.基于树的数据融合策略

在无线传感器网络中,有大量传感器节点部署在指定区域,对某一目标或时间监测或监视着,且能够将所监测到的数据发送给汇聚节点。基于反向组播树(Reverse Multicast Tree)或数据融合树的形式,监测数据会实现能够从分散的传感器节点到汇聚节点的逐步汇集,如图 6-8 所示。若在反向组播树中,每个中间节点多做数据融合处理的话,数据就会得到及时且最深层次的融合。

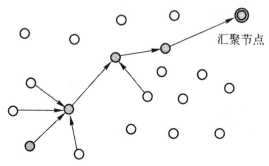

图 6-8　基于反向组播树的数据融合

在一个随机部署的无线传感器网络中,寻找网络中数据传输次数最少的路由可以看作是最小 Steiner 问题且能够得到有效证明,其定义如下:给定图 $G = (V, E)$,其中 V 表示 G 的节点集,E 表示 G 的边集。边 $e(e \in E)$ 的代价由 $c(e)$ 来表示。给定一组组播节点 $D(D \in V)$,将覆盖 D 中所有节点的树 T 寻找出来,且在满足所有条件的同时使得 T 的代价 C_T 是最小,即

$$C_T = \min \sum_{e \in T} c(e) \tag{6-1}$$

这棵树称为 Steiner 树。研究证明,Steiner 问题是一个 NP-hard 问题。已有工作中,以下三种算法均可实现组播融合树的构造。

(1)近源汇集(Center at Nearest Source,CNS)算法

在该算法中,完成数据融合的节点为距离汇聚节点最近的源节点,所有该节点会收到其他源节点发来的数据,完成融合处理后的数据会被发送给汇聚节点。指向其他源节点的反向组播树伴随着融合节点的确定而得以顺利形成。

(2)最短路径树(Shortest Path Tree,SPT)算法

在最短路径树算法中,数据会按照每个源节点与汇聚节点的最短路径进行传递,这些最短路径难免会重合,从而会形成一棵反向组播树,数据融合就会在重合部分的每个树权节点上进行。

（3）贪心增长树（Greedy Incremental Tree，GIT）算法

区别于其他树是一步到位的，反向组播树在贪心增长树算法是逐步建立的。汇聚节点与最近源节点之间的最短路径确定是第一步，让其作为树的树枝，然后将距离当前树结构最近的节点依次选取出来（选取是在剩余源节点中进行的），并将其与树建立连接（可能需要通过其他节点），所有源节点都要没有遗漏地与树建立连接。

上述 3 种算法进行数据融合是在数据达到汇聚节点前进行的，能够有效删除冗余信息，事件驱动的应用可考虑使用这三种算法。尤其是第二种和第三种算法，能够使数据融合尽可能早地进行，使融合效率处于尽可能高地水平。在数据可融合程度统一的情况下，数据融合效果以以下顺序依次降低：贪心增长树算法、最短路径树算法、近源汇集算法。

在基于树的数据融合中，监测数据在所有的源节点和汇聚节点之间的传送会沿着已经建立的路径进行。数据的融合处理会发生于两个或多个路径在某一中间节点汇合处。在基于树的数据融合中，会牵扯到融合时延。由于不同源节点的数据进行传输的路径不可能是全都相同的，这样的话就会导致传输时延的不同，对来自多个源节点的数据进行的有效融合处理时，中间节点往往需要等待一定时间才可以，这一等待时间称为融合时延。融合时延的长短跟数据融合的性能密切相关。融合时延正比于数据在中间节点被融合的可能性，还跟融合效率呈正比，但同时源节点与汇聚节点之间端到端的传输时延也会因融合时延的增大而增加，最终导致应用的实时性能处于较低水平。

另一方面，在基于树的数据融合策略中，数据融合的性能也会跟事件的位置和数据传输的路径选择有很大关系。同一事件所引起的多个源节点的数据在向汇聚节点传送的过程中，数据融合性能会因事件所发生的位置以及数据所经过的路径之间的差异而出现不同结果。图 6-9 给出了 3 种可能的数据融合情况：

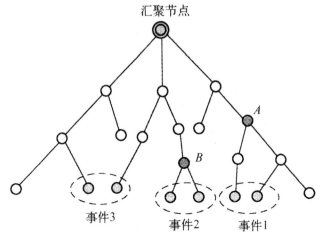

图 6-9　基于树的数据融合的 3 种情况

①事件 1 产生的数据的汇合发生在节点 A 处,节点 A 与目标监测区域之间的距离较远。

②事件 2 产生的数据的汇合发生在节点 B 处,节点 B 与源节点之间的距离较近。

③事件 3 产生的数据,没有汇合,故数据会不经融合直接发送到汇聚节点处。

3. 基于分簇的数据融合策略

在基于分簇的数据融合中,分簇方法将网络划分成一些小的簇,每个簇由一个簇头和多个簇成员组成。簇成员和簇头分工为:目标监测和数据采集的工作由簇成员来完成,数据融合与事件报告的工作由簇头来完成。这种基于分簇的数据融合策略可分为静态的和动态的。

(1)静态分簇数据融合

在该策略中,分簇是预先完成的,与目标位置或事件规律之间没有任何关系。该策略中包含着一个周期性的重新分簇过程,分簇阶段和数据通信阶段共同构成了循环中的每一轮分簇。

在分簇阶段,第一步是选择一个或多个簇头,然后按照一定的规则其他节点可加入到簇中,决定之后相应的簇头节点会收到通知,并成为其成员节点。下面介绍三种不同的簇头选择策略。

1)随机产生机制

在该机制中,一个 0~1 之间的随机数由每个传感器节点自动生成,如果该随机数大于预先设定的门限值 T($T \in [0,1]$的话,该节点即成为簇头节点。该机制在 LEACH 协议中得以应用。

2)基于概率产生机制

在该机制中,一个传感器节点成为簇头节点是按照一定的概率来进行的,这一概率是根据期望的簇头节点百分比、节点剩余能量比率等进行确定的。该机制在 HEED 协议中得以应用。

3)基于剩余能量产生机制

在该机制中,一个传感器节点是否能成为簇头节点,是由其剩余能量与网络中其他节点剩余能量的相对大小来最终决定的。在每一轮选举中,相对剩余能量最大的节点为簇头节点。

另一方面,基于不同的簇头选择准则,非簇头节点可以在多个簇头节点中选择一个作为其簇头节点,常用的簇头选择准则包括以下 4 个。

①最小距离准则。在多个簇头节点中选择一个距离自己最近的作为其簇头节点。

②最强信号准则。在多个簇头节点中选择一个接收信号最强的作为其簇头节点。

③最佳链路准则。在多个簇头节点中选择一个具有最佳链路质量的作为其簇头节点。

④最低簇内通信开销准则。在多个簇头节点中选择一个具有最低簇内通信代价的作为其簇头节点。

在数据通信阶段,簇头会首先收到来自于簇成员节点监测到的数据,在完成对数据的融合处理后,再发送给汇聚节点。不难看出,整个过程中,簇头承担的任务较重,耗能较高,因此簇头应由各节点轮流担任,使网络的能量消耗得以平均,从而保证无线传感器网络的使用寿命。

在理想情况下,监测到同一目标或事件的所有传感器节点会存在于同一个簇内,如图 6-10 所示簇 3 内的目标。在这种情况下,得到的数据融合率就会处于较高水平。然而在实际应用中,对同一目标或事件的传感器节点往往会属于不同的簇,如图 6-10 中簇 4、5、6 中成员监测到的目标。在这种情况下,多个簇头将会发送同一事件的数据,会导致数据融合效率的降低。

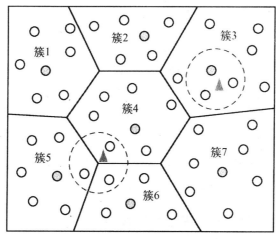

图 6-10　基于动态分簇的数据融合

(2)动态分簇数据融合

在该融合策略中,分簇是在事件发生后或由目标监测触发的,且簇的构建可围绕着监测目标来进行。当事件发生时,一个簇头会由目标节点附近的传感器节点按照一定的规则推举出来;簇头会收到来自于其他节点作为成员节点发来的监测数据,然后再对数据进行融合处理;之后汇聚节点就会收到来自于簇头经过融合处理后的数据。在实际操作过程中,可基于不同的选举策略来实现簇头的选举,如根据节点的剩余能量将剩余能量最大的节点选作簇头。静态分簇数据融合与动态分簇数据融合的区别主要体现在静态分簇融合中同一事件信息的传送可能由多个簇来进行,而动态分簇融合中同一事件信息只有一个簇。以下两个方面体现了动态分簇数据融合的特征:

①分簇是围绕着监测目标进行的。当发生事件时,只有距离目标很近的节点才参与簇的构建,该过程伴随着能耗的降低。

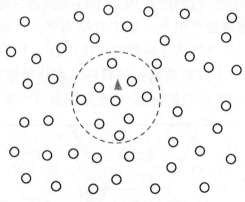

图 6-11 基于动态分簇的数据融合

②如果一个节点的无线发射半径大于等于其感知半径的两倍,则能够感知到事件的传感器节点都在相互的无线发射范围内。这种情况下,借助于相互协作这些节点之间可选出一个簇头并进行数据融合,如图 6-11 所示。

4. 基于移动代理的数据融合策略

以上介绍的无线传感器的数据融合策略基本上都是基于 C/S 模型(客户端/服务器)。在该计算模型上,网络中的汇聚节点扮演着服务器端的角色,而其他传感器节点扮演的是客户端的角色,服务器端能够融合处理对来自于客户端的数据,在客户端将采集到的大量数据传送给服务端的过程中,需要占用大量的网络资源和消耗大量的能量,最终缩短了网络的使用寿命。基于移动代理的数据融合策略即在该情况下被提出来了。移动代理技术的核心为"将计算移动到数据"。在传感器网络中,移动代理技术的核心理念得到了充分应用,其他节点不再将自己收集的数据传输汇聚节点,而是由移动代理来访问各传感器,完成数据的收集和融合工作,可以看出,该技术能够将传统数据融合技术占用网络带宽的问题得到了很好地解决,从而降低了整个网络的能耗,延长了网络使用寿命。

移动代理的规则可由创建者来做相应的制定,以便完成特定任务。本质上来看,移动代理是一组软件代码和数据组成的。按照事先制定的规则,移动代理能够在网络中自行地从一个节点迁移到另一个节点,无论在怎样的环境都可顺利执行下去,针对每个节点所要执行的操作也会具体情况具体对待。移动代理规则是非常智能的,程序代码、数据和当前状态信息尽可包含在内。移动代理能够在所有节点之间实现自身状态信息和节点数据的传递,同时数据的完整性不会遭到任何破坏。数据具体该如何移动、移动的方向均可由移动代理来做决定,可通过远程操作数据的移动,此外还可通过数据的复制来移动数据。在移动之前,移动代理会存储自身当前的运行状态和数据,然后将存储下来的信息传递给新的节点,且在新的节点恢复存储的信息在得到运行状态信息之后恢复进程的执行。当一个移动代理决定移动时,它首先将其当前的运行状态和数据存储下来,然后将所存储的运行状态和数据传送给新的节点,并在新的节点上从所存储的运行状态恢复进程的执行。从以上介绍可以看出,在该策略中,数据融合是在移动代理在节点处执行的,使网络中的数据量在很大程度上得以减少。

图 6-12 给出了一种基于移动代理的无线传感器网络的基本模型。和其他数据融合策略一样,该基本模型依然由一个汇聚节点和多个传感器节点组成,数据依然来自于传感器节点,而数据不再是直接从传感器节点到汇聚节点,而是由移动代理从传感器节点处收集数据再传递给汇聚节点。非常明显,移动代理并不是创建于传感器节点而是汇聚节点处。移动代理能够在各传感器节点之间按照预先设置的规则进行迁移,将各传感器节点的本地数据依次收集,再进行数据融合,在所有节点的数据都被收集且完成数据融合之后再将最终数据传递到汇聚节点。在该模型中,为了满足实际应用的需求,汇聚节点会做包括网络的初始化、网络拓扑的建立、节点功能的设置等基本工作,此外,

移动代理路由规则的制定和移动代理的创建也需要完成,这些工作都完成之后可将创建完毕的移动代理发放到目标区域内。在目标网络内,移动代理会在传感器节点间按照预先设定的路由规则进行迁移,收集传感器节点所监测到的数据,并依次与先前的数据进行融合处理。在该模型中,移动代理路由规则的制定也需要传感器节点来做及时调整,对网络状态的变化和移动代理的前移请求传感器节点需要基于监听机制来做相关处理,使移动代理路由能够按照实际情况做及时调整,能够尽可能地支持移动代理。从以上介绍可以看出,在该策略中,要求汇聚节点的计算能力和通信能力更加强大,要同时负责移动代理的创建、发放以及移动代理路由规则的制定,且还需要对移动代理返回的融合结果做相应的处理分析。

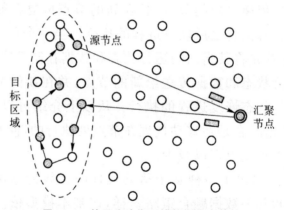

图 6-12　基于移动代理的数据融合策略

在该策略中,为了使数据融合的处理效果最佳,可以看出移动代理的路由策略的制定是关键。在移动代理在对各传感器节点之间进行迁移过程中,会按照预先制定的路由规则来按照一定的次序在预定的节点范围内来收集数据并实现数据的融合,该过程中,代理路由无论是收集数据还是做融合处理都会占用网络资源,会对网络性能和服务质量造成一定影响。在基于移动代理的数据融合策略中,可以看出,如何在最小化移动代理迁移路线代价的同时使应用所需的数据不受影响是制定移动代理路由策略的最终目标。故在设计移动代理路由策略时,要综合考虑能量消耗、路径损耗、传输时延和融合效率,尽可能地追求融合效率最大化,而能量消耗、路径损耗和传输时延应该最小化。故移动代理的路由策略可以看作是一个寻找最优化解决方案的一个过程,也就是寻找一条路径在保证融合效率最大化的同时使能量消耗、路径损耗和传输时延最小化,往往在实际过程中,最佳路由策略很难实现。然而在实际过程中,往往需要平衡融合策略效率和其他方面之间的关系,最大化地满足应用需求。

6.3　无线传感器网络数据管理的概念

6.3.1　无线传感器网络数据管理的研究内容

无线传感器网络从传感器节点收集的经过融合处理的数据集合类似于大型的分布式数据库,而管理这些数据集合的就是无线传感器网络数据管理系统。其主要优点是能够高效地管理传感数据,且能够将传感器网络的物理实现和数据的逻辑视图(例如命名、存储、索引等)分离开来,并且为用户提供方便、易用的应用接口。借助于这些接口,用户在对传感器网络进行操作的同时,还可以基于这些接口开发更强大的应用程序。用户在使用这些接口时,只用关心接口提供的使用语法和数据逻辑结构,无需关注实现细节。

无线传感器网络的数据管理系统与传统的分布式数据库管理系统差异非常明显。主要表现在:

①两者管理的数据产生源具有很大的差异。传统的分布式数据库管理系统,管理的数据往往是由稳定可靠的数据源产生的,而传感器网络的数据来源于不可靠的传感器节点。这些传感器节点具有有限的能量资源,它们可能处于无法补充能量的

危险地域,因此随时有停止产生数据的可能性。另外,传感器节点的数量规模和分布密度有发生很大变化的可能。当某些节点停止工作后,节点数量规模和分布密度会有明显地降低;然而,当补充一些节点后,节点数量规模和分布密度会有一定程度地上升。相应地,节点传输数据时产生的网络拓扑结构会明显地动态变化。

②两者管理的数据具有明显不同的特征。一方面,传统的分布式数据库系统管理的数据往往是间断有限的,而传感器网络数据管理系统管理的数据往往是连续无限的,这是由于传感器节点可以持续地采集监测环境的某种特征。另一方面,传统的分布式数据库系统管理的数据是确定的,而且数据分布的统计特征是已知的;而传感器网络数据管理系统管理的数据往往是近似的,这是因为传感器在测量时一定的误差是无法避免的。例如,利用超宽带信号测距时会产生误差。而且,传感器网络测量数据的统计特征往往是未知的,也很难预测数据流的行为。

③两者需要提供的服务方式具有明显的差异。传感器网络数据管理系统需要提供连续查询的功能,这种查询可以在用户指定的时间内持续不断地监测传感器网络产生的数据;传统的分布式数据库系统往往不需要提供这种连续的查询功能。

④由于两者具有以上的多种差异,两种系统采用的处理方式也常常会存在差异。一方面,传统的分布式数据库系统的优化处理是在固定的代价模型和数据的已知统计特征的基础上进行的;而传感器网络数据管理系统的优化处理必须以降低能量消耗为目标,并且自动地适应数据流的变化。另一方面,传统的分布式数据库系统往往是将数据传输后再进行处理;而传感器网络数据管理系统为了降低能量消耗,往往采用网内处理的方法。例如,一种常用的网内处理方法就是网内数据聚集。

6.3.2　传感器网络数据管理系统的结构

目前用于传感器网络数据管理系统的结构主要有集中式结构、半分布式结构、分布式结构和层次式结构这四种。

1. 集中式结构

在该结构中,感知数据的查询独立存在与传感器网络的访问。可通过两个步骤来实现整个处理过程。①按照预先制定的规则,实现感知数据从传感器网络到中心服务器之间的传输;②查询处理不在传感器网络节点而仅仅在中心服务器端进行。可以看出,中心服务器的性能关系到整个传感器网络数据管理系统的性能,导致整个网络的容错性比较差。除此之外,中心服务器会收到来自所有传感器节点所收集到的数据,就会占用大量的网络资源。

2. 半分布式结构

在该结构中,鉴于传感器节点具有一定的计算和存储能力,故可在一定程度上对原始数据做相关处理。目前,研究热点集中在半分布式结构。下面介绍两种代表性的半分布式结构。

(1)Fjord 系统的结构

Fjord 是加州大学伯克利分校 Telegraph 项目的一部分,是一个自适应的数据流系统。自适应的查询处理引擎(adaptive query processingengine)和传感器代理(sensor proxy)为 Fjord 系统各关键部分。Fjord 对查询的处理是在流数据计算模型的基础上开展的。在 Fjord 系统中,感知数据流并不是像在传统数据库系统中那样在被查询的时候才提取出来(Pull 技术),而是流向查询处理引擎的(Push 技术)。Pull 技术在 Fjord 中也用得到,例如处理非感知数据时就会有所涉及。另外,为了达到更好的管理效果,Fjord 对执行计划的调整会根据计算环境的变化动态来进行的。传感器代理存在于传感器节点和查询处理器之间,如图 6-13 所示。数据要从传感器节点传输到查询处理器之间,需要经过传感器代理。所以进行查询的用户就不再收到直接来源于传感器节点采集的数据而是收到来自于传感器代理的数据。另外,在该结构中,按照预先设置的规则,传感器节点可利用自身资源对采集到的数据做预处理,如对感知数据执行聚集操作。传感器代理除了具备收集来自于传感器节点数据的功能外,还可以对所负载的全部传感器节点进行动态监测,对所有节点的能量状态和用户需求做动态调整,使用户需求不受影响的同时使传感器网络的寿命尽可能地延长。

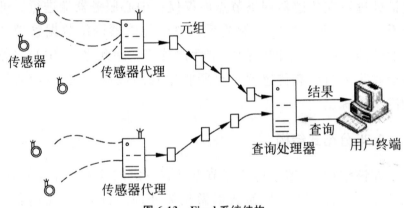

图 6-13 Fjord 系统结构

(2)Cougar 系统的结构

Cougar 是康奈尔(Cornell)大学开发的传感器数据库系统。区别于 Fjord 系统,Cougar 系统为了达到减少通信开销的目的,会将查询处理尽可能地在传感器网络内部进行。在对数据进行查询时,只有与查询相关的数据才被从传感器网络中。在 Cougar 中,传感器节点在完成本地数据处理的同时,还要建立与邻近的节点之间的通信,以协作的方式完成使查询处理的某些任务。如图 6-14 所示。

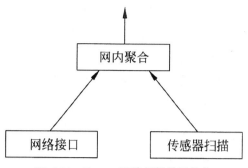

图 6-14　Cougar 系统逻辑关系结构

3.分布式结构

在该结构中,所有的传感器节点不再受成本所限,都具有较高的存储、计算和通信水平。首先,每个传感器在完成采样、感知和监测事件之后,每个传感器会借助于一个 Hash 函数,按照每个事件的关键字,在距这个 Hash 函数值最近的传感器节点上实现存储。这种方法称为分布式 Hash 方法。处理查询的时候,使用的 Hash 函数是相通的,将查询发到离 Hash 值最近的节点上。在该结构中,传感器节点负责全部计算和通信工作。

在该结构中,传感器节点的计算、存储能力被看作与普通计算机的计算、存储能力旗鼓相当。基于事件关键字的查询可考虑使用该结构,且整个处理过程中耗能较大。

4.层次式结构

为了使上述系统结构存在的问题得到解决特提出了如图 6-15 所示的层次式结构。这种结构由两个层次共同组成:传感器网络层和代理网络层。网内数据处理、自适应查询处理和基于内容的查询处理等多项技术在层次结构中得到了综合应用。在传感器网络层,每个传感器节点利用自身的计算和存储能力,能够完成接收来自于代理层的命令、实现本地计算、将数据传送到代理的任务。采样率、传送率和需要执行的操作这些均为传感器节点能够收到来自于代理层的任务。和传感器节点比起来,代理层节点担负的责任更大,需要做的处理工作更多,故对自身的软硬件技术要求更高。每个代理完成从用户接受查询、向传感器节点发送控制命令或其他信息、从传感器节点接收数据、处理查询、将查询结果返回给用户,这些均为代理层节点需要完成的任务。传感器节点的数据被传送到代理节点后,会经过多个代理节点的处理之后,再被传递给用户。可以看出,各个节点分摊了计算和通信压力。

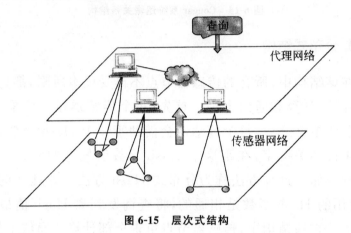

图 6-15 层次式结构

6.3.3 无线传感器网络数据管理的主要技术挑战

截止到目前,尽管无线传感器网络的数据管理技术取得了空前的进步,但仍有一些环节有待完善。概括起来,不得不面对以下挑战:

①需要研究能够缩短响应时间、提高时效性的传感器网络数据管理技术。目前的传感器网络数据管理系统的优化目标集中在降低能量消耗,然而,对于某些实时监测要求,重要的优化目标是缩短响应时间。

②需要研究可靠安全的传感器网络数据管理技术。一方面,可以采用数据传输层技术使可靠传输得到保证,另一方面,可以考虑将传统数据安全技术应用到传感器网络中。

③需要研究适用于传感器网络数据管理系统的协同技术。用户提交的查询往往需要由多个传感器节点的数据协同计算得出。针对具体应用需求,信息冗余性的协同技术可得到充分利用。

④需要进一步优化目前的传感器网络数据管理系统,使可扩展性、容错性得到有效提高,并且降低能量消耗和响应时间。例如,可以进一步优化数据聚集技术,或者提高传感器在采集数据时对环境变化的自适应性,以降低能量消耗和缩短响应时间。

6.4　无线传感器网络数据管理的方法

数据模式、数据存储、数据索引和数据查询共同构成了无线传感器网络数据的管理方法。

6.4.1　数据模式

简单来说,数据模式即为对数据的建模组织方式。目前,传感器网络的数据模式不是凭空建立的,而是基于传统的关系模式和时间序列模式实现的。一些研究将传感器网络视为分布式数据库,并采用关系模式对分布在多个节点上的测量数据进行建模组织;另外一些研究则采用时间序列模式。TinyDB 系统和 Cougar 系统的数据模式的代表性非常强,下面分别介绍。

Cougar 系统采用了两种数据模式:第一种是传统关系模式,用来建模组织存储数据;第二种是时间序列模式,用来建模组织测量数据。对于这两种数据模式,Cougar 系统定义了关系代数操作、时间序列操作、关系和时间序列之间的操作。

在 Cougar 系统的查询过程中,关系模式或时间序列模式可被动态地更新。从本质上来看,更新关系模式就是向该关系插入、删除和修改元组的过程。时间序列模式的更新就是将新元素插入到该时间序列中的一个过程。

TinyDB 系统的数据模式立足于传统的关系模式,且又做了一个简单的扩展,在该模式中传感器节点内的测量数据被定义为一个单一的、无限长的虚拟关系表。该表具有描述测量数据的属性和测量数据两个属性。每个传感器节点产生的每个读数和关系表的一行之间的关系是一一对应的,鉴于传感器节点产生读数的无限性导致了该虚拟关系表的无限,对传感器网络数据的查询就是对这个无限虚拟关系表的查询。在基于无限虚拟关系表上的操作集合和传统关系表上的操作集合差别不大,仅仅是集合从有限变成无限的了。

6.4.2 数据存储

为了尽可能地方便查询,可按照查询要求来设计数据的存储。到目前为止,本地存储方法和以数据为中心的存储方法是传感器网络中常用的存储方法。不难理解,本地存储方法为产生数据的传感器节点同时也是存储数据的所在。在指定范围内的查询要求可使用该存储方法。该存储方法在 Dimensions 系统中也有所应用。在以数据为中心的存储方法中,要将数据跟特定的传感器节点之间建立映射关系,完了将将数据存储到该节点。指定数据属性的查询要求可以使用该存储方法。下面详细地描述一种以数据为中心的基于地理散列函数 GHF 的存储方法。

基于 GHF 存储方法的实现步骤是,首先借助于 GHF 在数据名和一个地理位置之间建立映像关系,再将测量数据借助于地理路由协议 GPSR 存储到距离该位置最近的传感器节点——主节点。可看出,数据名跟数据存储位置密切相关。例如,如果采用作为在 10℃和 20℃之间的所有温度值是以"10℃~20℃温度"来进行命名的话,那么在 10℃~20℃温度的所有温度值都会存储到同一个传感器节点。

以下三个问题是基于 GHF 的存储方法需要解决的：

①测量数据的丢失会因主节点的失效而导致。

②主节点可能会因为新的传感器节点的加入而发生改变。

③若被 GHF 映射到同一个主节点的数据量过于庞大，那么该主节点就会消耗大量的能量且由于无法及时补充能量，导致其失效，最终对整个网络性能造成影响。

针对①和②，在基于 GHF 的存储方法中，主节点和散列位置的周边传感器节点联系的保持是借助于周边更新协议 PRP 实现的。这些散列位置的周边传感器节点被称为"主节点的盟友节点"，如图 6-16 所示。

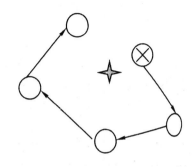

➤ 散列位置，⊗ 主节点，○ 盟友节点

图 6-16　主节点与周边节点关系

主节点首先会将存储的全部测量数据都发送给盟友节点，盟友节点在完成该数据的备份后启动定时器。随后，主节点周期性地发送更新信息，定时器会因盟友节点收到更新信息而做清零操作。若定时器超时，意味着更新信息并未到达盟友节点处，盟友节点认为主节点失效。这时，原主节点的工作会由距离散列位置最近的盟友节点来接手，成为新的主节点。第一个问题随着失效的主节点内的所有测量数据的备份而得以顺利解决。

当更新信息遍历盟友节点时，若发现存在着距离散列位置更近的节点，可以认为该传感器节点是新加入的，且能够成为新的主节点。这时,借助于地理路由协议 GPSR 该节点会成为新的主节点,当该情况被先前的主节点获知后就不再担任主节点,且新的主节点会收到旧的主节点发来的其存储的数据信息。故很好地解决了第二个问题。

针对第三个问题,基于 GHF 的存储方法采用的是结构复制技术。借助于结构复制技术,传感器网络的监测区域就被等分为 4^d 个子区域,d 称为"复制深度",且主节点的一个镜像节点会存在于每个子区域内。当 $d=1,2$ 时镜像节点的产生方法如图 6-17 所示。

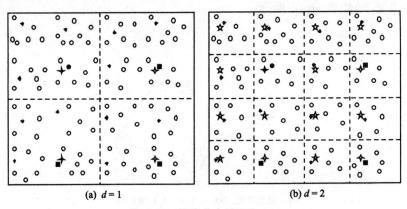

(a) $d=1$ (b) $d=2$

图 6-17　镜像节点的产生方法

如图 6-17(a)所示,$d=1$ 时,由 4 个子区域组成监测区域,且在某个子区域内会存在散列位置。一级镜像位置会在其他子区域内产生,其在各自的子区域内的坐标和散列位置与在自己的子区域内的坐标完全相同。一级镜像节点为距离一级镜像位置最近的传感器节点。当 $d=2$ 时,二级镜像位置和二级镜像节点可基于类似方法顺利产生,如图 6-17(b)所示。当 d 增大时,镜像位置和镜像节点的产生可按照之前的方法依次产生。

由于传感器节点可以将其采集的数据存储在离它最近的镜像节点上,于是数据就会分布在整个网络内,这时第三个问题就得以解决。注意,结构复制技术并非把所有测量数据复制到多个镜像节点,而是在多个镜像节点内将测量数据收集起来。这就是将该技术命名为"结构复制技术"而不是"数据复制技术"的原因。想要查询数据的话,需先将查询请求发送给主节点,主节点在按照一定的顺序将查询请求发送给镜像节点。返回查询结果跟查询请求的方向是相反的,且在返回结果的过程中可逐级执行数据的聚集。

黑四角星和黑圆分别为散列位置和主节点,空心四角星和黑矩形分别为一级镜像位置和一级镜像节点,五角星和黑菱形分别为二级镜像位置和二级镜像节点,其他圆为一般传感器节点。

6.4.3　数据索引

数据索引的设计不是凭空而来的,而是根据查询要求和数据存储来进行。本节分别介绍层次索引、一维分布式索引和多维分布式索引。

(1)层次索引

在本地数据存储方法和多分辨率空域查询要求中,可以采用层次索引。例如,层次索引可用于以下查询要求:"区域 V 在最近 2 分钟的平均温度"或"区域 V 的子区域 W 在最近 10 分钟的平均温度"等。在 Dimensions 系统中,为了使多分辨率空域查询要求得到满足也用到了层次索引。

层次索引采用了空间分解技术,相应的分辨率级别 d 在查询要求的空域范围内的基础上得以计算出来,然后递归地将监测区域划分成 4^d 个子区域。图 6-18 显示了 $d=0,1,2,3$ 时的层次索引。第 0 级子区域即为整个监测区域,数据名和全部监测区域内某个节点之间的映射关系会借助于层次索引而建立起来,该节点被称为"顶点"。然后,层次索引将第 0 级子区域会被层次索引等分为 4 个第 1 级子区域,在除了包含有顶点的其他第 1 级子区域中选择一个节点作为簇头节点,这些簇头节点是顶点的子节点。此操作一直持续下去,如图 6-18 所示。

索取数据时,顶点和用户会收到来自于查询要求的空域范围的子节点逐级传递来的数据,层次索引即可得以实现。然而,只有一个顶点存在于层次索引的结构中,就会造成通信瓶颈问题。

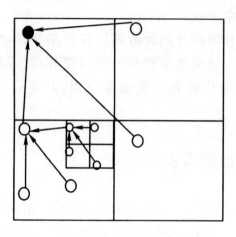

黑圆代表顶点

图 6-18 $d=0,1,2,3$ 时的层次索引

（2）一维分布式索引

在以单一属性的数据为中心的存储方法和多分辨率空域查询要求中可以使用一维分布式索引。例如,以下查询要求可使用一维分布式索引:"区域 V 中具有属性 A 的所有测量数据"或"区域 V 的子区域 W 中具有属性 B 的所有测量数据"。DIFS 系统就采用了一维分布式索引方法。

一维分布式索引方法借助于 GHF 和空间分解技术实现了层次结构树的构建。有多个根节点存在于层次结构树中。具体一维分布式索引是如何构造层次结构树的,以压力属性为例来进行探讨。假设每个传感器节点的压力测量值为 $0\sim100$N,可计算出 $d=1$。图 6-19 展示了层次结构树的构造方法。

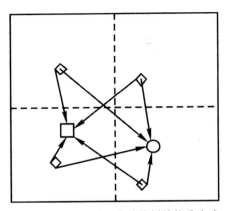

图 6-19 $d=1$ 时层次结构树的构造方式

菱形为叶节点,对应数据名"0~100N 压力";圆为父节点,对应数据名"0~50N 压力";矩形为父节点,对应数据名"50~100N 压力"

监测区域借助于一维分布式索引被等分为 4^d 个子区域。每个子区域内的传感器节点用数据名"0~100N 压力"来实现在该子区域内 GHF 产生散列位置的调用。其中,叶节点为距离该散列位置最近的节点。在该子区域内的所有传感器节点的压力测量值都存储在叶节点中。

假设每个叶节点的父节点个数为 b,且 b 是由系统指定的,假设 $b=2$。1 个父区域可由每 4 个相邻子区域合并而成。该父区域内的叶节点用 b 个数据名"0~50N 压力"和"50~100N 压力",b 个散列位置也因 GHF 的调用得以产生,距离这些散列位置最近的节点为"父节点"。所有叶节点的数据名的压力测量值都存储在对自己对应的父节点内。

利用上述方法,依此类推,可以构造完成具有更多层次的一维分布式索引结构树。在索取数据时,首先选择最高父节点集合为首选,查询要求的数据名均被这些父节点所覆盖。然后,查询结果可通过遍历查询全部空域范围来获得。在一维分布式索引中,有多个最高父节点存在于层次结构树中,可从这些父节点中进行查询,故很好地解决了单一树根造成的通信瓶颈问题。

(3)多维分布式索引

以多个属性的数据为中心的存储方法和查询要求可考虑使

用多维分布式索引。例如,多维分布式索引适用于以下查询要求:"区域 V 中具有属性 A 和属性 B 的所有测量数据"。多维分布式索引在 DIMD 中得到了很好地应用。

保持数据存储的局域性为多维分布式索引的核心,即将属性值相近的测量数据存储在邻近的节点内。为了实现数据存储的局域性,多维分布式索引使用了保持局域性的 $k-d$ 树,这点同时也是多维分布式索引的核心思想。$k-d$ 树把监测区域划分 k 次后,得到多个域,具有某些多种属性的测量数据存储在每个域内的节点上。

若以温度属性 T、压力属性 P 为例,多维分布式索引采用 $k-d$ 树划分域的方法在假设 $k=4$,T、P 都采用归一化的形式时,图 6-20 显示了划分过程。

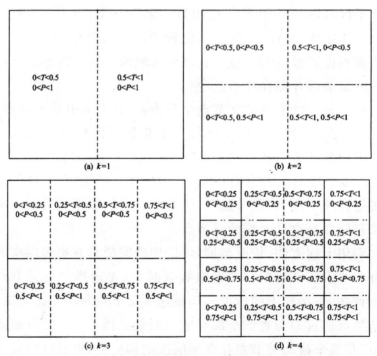

图 6-20　多维分布式索引采用 $k-d$ 树划分区域的方法

图中,$k-d$ 树间隔地采用水平或垂直分割将监测区域划分为多个域,每个域内的节点存储具有某些多种属性的测量数据。

依此类推,可以为更多的属性划分更多的区域。在索取数据时,可以根据这 $k-d$ 树划分方法将满足多种属性要求的测量数据所在的域都找到,然后向这些域内的节点传送查询结果。

6.4.4　数据查询

下面重点探讨传感器网络中的查询语言、一种可以用于局部处理器的处理连续查询的自适应技术(Continuously Adaptive Continuous Queries,CACQ)、数据聚集技术和查询优化技术。

(1)查询语言

TinyDB 系统的查询语言是在 SQL 基础上开发的,被称为"TinySQL"。以下是一个 TinySQL 查询实例。该查询每隔 1min 检查平均温度高于 20℃ 的区域,并且返回区域号码和温度的最大值。

SELECT region_no,MAX(Temperature)

FROM sensors

GROUP BY region_no HAVING AVERAGE(Temperature)>20

EPOCH DURATION 1min

TinySQL 支持简单的触发器。当传感器读数使 WHERE 从句的条件满足时,就会执行 TRIGGERACTION 指定的命令。以下是一个带有触发器的查询实例。该查询每隔 1min 检查压力,如果大于某个限额则发送报警消息。

SELECT Pressure

FROM sensors

WHERE Pressure>constrain

TRIGGER ACTION SendMessage("Alarm")

EPOCH DURATION 1min

(2)CACQ 技术

CACQ 建立了一个缓冲池,在该池内存储着等待查询操作的数据流,如果缓冲池空的话,CACQ会启动扫描操作,又会有相关监测数据存入缓冲池内。对于不需要分解为连续子查询的单个连续查询,CACQ把该查询分解成为一个操作序列。CACQ为了存放处理数据,会为每个操作建立一个输入队列。当每个测量数据到达后,它首先被排列到第一个输入队列等待操作。当该数据被第i个操作处理完后,结果会被插入到第(i+1)个操作的输入队列中等待处理。当每个数据被所有的操作处理完毕后,即可得出一个中间查询结果,全局查询处理器会对收集到的全部中间查询结果做综合处理。

当查询需要分解为N个连续子查询时,CACQ轮流地把每个测量数据传递到N个子查询的操作序列,而该测量数据不会被复制。该方法有效节省了复制数据所要消耗的能量及占用的资源。这里的关键在于,可将公共操作从多个子查询中提取出来,仅执行一次公共操作即可,避免重复计算浪费资源。

(3)数据聚集技术

在无线传感器网络中,可以采用的聚集技术有逐级聚集、流水线聚集。

在逐级聚集技术中,聚集是从最底层的叶节点向最顶层的根节点逐级进行的,中间节点首先等待自己的下一层节点传送经过聚集处理的数据,然后将这些数据与自身的数据进行聚集,最后再将所有经过聚集的数据发送给自己的上一层节点。采用这种逐级数据聚集技术时,中间节点存在偶尔收不到下层节点数据的可能性,用户需要完成多次聚集计算,确定多次重复的聚集值为正确的聚集结果。这会延长查询时间,最终导致能量的浪费。

流水线聚集技术将查询时间分为多个小段,在每个小段内,中间节点将自身数据与在上个时间小段内得到的下层节点的数据进行聚集,然后传送到上层节点。如此,聚集数据就源源不断地流向根节点。这种流水线聚集技术可以根据测量数据和网络的变化将聚集结果动态地改变。然而,根节点为了获得第一个聚集结果,需要等待一定的时间,使通信负载得以增大。流水线聚集技术可以通过优化减少通信量,如每个节点只有在发现自己产生的中间聚集结果发生变化后才向上传送。

以上两种聚集技术都可以采用优化技术来减小通信量,从而节省能量。例如,当聚集函数是 MAX 时,如果节点监听到的中间聚集数据比本地数据大,则数据就不会被发送。

（4）查询优化技术

查询优化技术最具有代表性的 TinyDB 系统。使传感器网络的总能量消耗得以降低为 TinyDB 系统的查询优化目标。TinyDB 系统采用了基于代价的查询优化技术来产生能量消耗最低的查询执行计划。查询代价主要是由传感器节点采集数据和传输查询结果的能量消耗所决定的。

数据采集是一种能耗较高的操作,而合理地排序查询谓词能避免不必要的采样。因此,TinyDB 系统的查询优化主要集中在优化设计数据采集和谓词操作的执行次序,并且确定可以共享的数据采集操作,将不必要的数据采集操作删掉。

另外,TinyDB 系统还对基于事件的查询做了优化。TinyDB 系统支持基于事件的查询,即每当指定事件发生就会触发连续查询。如果该事件在很短的一段时间内频繁发生,触发的连续查询就可能频繁地启动数据采集操作,这样会得到大量冗余的数据,最终导致大量能量的浪费。针对该问题,TinyDB 系统开发了基于重写的多查询优化技术。这种技术把多个外部事件转换为一个事件流,使得不论事件以何种频率发生,同时的运行只有一个查询,这样,频繁地启动数据采集操作就得到了很好地避免。

参考文献

[1]郑军,张宝贤.无线传感器网络技术[M].北京:机械工业出版社,2012.

[2]孙利民等.无线传感器网络[M].北京:清华大学出版社,2005.

[3]王殊.无线传感器网络的理论及应用[M].北京:北京航空航天大学出版社,2007.

[4]赵仕俊,唐懿芳.无线传感器网络[M].北京:科学出版社,2013.

[5]邓绘梅.无线传感器网络数据融合技术及应用研究[D].淮南:安徽理工大学,2014.

[6]马琦.基于无线传感器网络的温室温温度监测系统研究[D].太原:中北大学,2009.

[7]张红莉.无线传感器网络数据融合技术研究[D].合肥:合肥工业大学,2010.

[8]周希.无线传感网络有效数据传输整合[D].上海:上海交通大学,2010.

[9]刘大伟.无线传感器网络基于点对点加密的安全数据融合方案[D].南京:南京邮电大学,2013.

[10]王磊.无线传感器网络低能耗安全路由协议的研究[D].南京:南京邮电大学,2013.

[11]汪攀武.6LoWPAN网络中数据聚合技术研究[D].长沙:湖南大学,2013.

第7章　无线传感器网络的安全技术

对于许多传感器网络应用,安全是非常关键的。有些传感器网络应用不仅要面对苛刻的环境,而且还要面对主动、智能的对手,因此战场上的传感器网络需要具有抗定位、破坏、颠覆的能力。在其他场合,安全需求虽然不明显,但仍然必不可少。

7.1　无线传感器网络安全问题概述

7.1.1　WSN 的制约因素

与传统计算机网络相比,WSN 是一种制约因素特别多的特殊类型的网络。适用于传统计算机网络的安全技术正是因为这些制约因素而无法在 WSN 中进行应用。

1. WSN 资源十分有限

应用到 WSN 的安全协议和安全技术不是凭空实现的,而是要立足于一定硬件、软件、带宽和能量等资源的基础上来实现,然而由于技术的局限性,无线传感器中的这些资源不是源源不断地而是非常有限的。

(1)存储容量的局限性

传感器节点是微型装置,只有少量存储器能够用于代码的存储。出于安全机制的建立,就不得不限制安全算法的实现代码长度。鉴于此,要保证所有安全实现代码要尽可能地出于较小的水平。

（2）能量的制约

毋庸置疑，无线传感器能力的最大制约因素是能量。通常情况下，无线传感器的能量来源是电池供电，且无线传感器一旦被部署完毕，想要被重新替换难度非常大，基本上也无法实现二次充电，故要求其要尽可能地省电，只有这样无线传感器节点的"生命"才能得以延长，最终使整个传感器网络的寿命得以延长。在此基础上，如果需要将一个加密函数或协议在传感器节点上实现的话，需要考虑因安全代码的增加对能量的影响。故在加强传感器节点的安全能力时，要综合权衡该安全能力和电池工作寿命之间的关系。

2. 不可靠通信

除了资源的有限性，不可靠通信无疑是 WSN 安全第二重要的威胁。WSN 安全跟所定义的协议跟其安全息息相关，而通信又建立在协议之上。

（1）不可靠传输

无线传感器网络之所以可靠性比较差，是其分组传输路由是基于无连接路由的。信道误码、高拥塞节点的分组丢失存在损坏分组的可能性，最终导致分组丢失。分组也会因不可靠的无线通信信道而遭到损坏。鉴于高信道误码率，软件开发人员往往会占用一些网络资源来对误码进行处理。关键的安全分组（如加密密钥）的丢失往往伴随着协议缺少合适的误码处理能力而发生。

（2）时延

较大的网络时延往往会因多跳路由、网络拥塞、节点处理而引起，故传感器节点之间的同步具体实现起来难度非常大。同步问题对传感器安全来说又非常重要：安全机制在跟关键事件报告息息相关的同时，也跟加密密钥分组密切相关。

（3）碰撞

即使信道可靠，仍然无法保证通信的可靠性，之所以有这种情况出现,是因为 WSN 的广播特性。在传输途中,如果分组遇到碰撞的话,就意味着分组传输的失败。在高密度传感器网络中,一个核心问题就是碰撞。

3. WSN 网络操作无人照看

鉴于无线传感器网络的特殊性,传感器节点长时间处于无人照看状态的可能性是有的。无人照看传感器节点的威胁主要来源于以下三个:

①暴露在物理攻击之下。为了满足实际应用的需要,传感器节点布置在对攻击者开放、恶劣气候等环境中的可能性是无法避免的。和典型 PC(安置在一个安全地点,主要面临来自网络的攻击)比起来,此种特殊环境中的传感器节点遭受物理攻击的可能性非常大。

②中心管理点的欠缺。如前所述,WSN 实际上就是一个分布式网络,没有中心管理点,这反而提高了 WSN 的生命力。但是,如果设计的不够科学合理,就会无形之中增加网络组织的难度,导致网络组织的低效、脆弱。

③远程管理。事实上,物理篡改、进行物理维护(如替换电池)的检测,都是传感器网络的远程管理无法实现的功能。

传感器节点无人照看时间跟受到攻击者安全攻击的可能性呈正比关系。

7.1.2　WSN 安全要求

防止信息和网络资源受到攻击和发生异常为 WSN 安全服务的目标。

1. 数据机密性

数据机密性是网络安全中最重要的部分。数据机密性问题可以说是所有网络的安全首先需要解决的。在 WSN 中,一个传感器网络应当将其传感器感知数据严格保密切勿泄漏,特别是在对安全要求比较高的应用中,如军事应用,传感器节点存储数据的敏感性极有可能处于非常高的水平上。在很多 WSN 应用中(如密钥分发),高度敏感数据难免要被发送,因此在 WSN 中安全信道的建立至关重要。除此之外,又有对公用传感器信息(如传感器节点身份识别码 ID、公共密钥等)进行加密的必要,从而可能地避免流量分析攻击。

采用秘密密钥加密敏感数据可以说是保持敏感数据秘密的常规办法,不是所有的节点都能够接收秘密密钥,只有指定的节点才可以,故机密性得以顺利实现。

2. 数据完整性

数据的机密性得到保证以后并不意味着数据就安全了,这仅仅是说攻击者无法窃取信息而已。攻击者为了达到目的,会对数据进行修改,使 WSN 陷入混乱。例如,恶意节点可以在分组中将一些数据分片添加进去或者将分组中的数据进行篡改,然后原始接收节点收到的将是改变后的分组。即便是恶意节点不存在,仍然有发生数据丢失或者数据受损的可能性,这是由通信环境条件恶劣导致的。可借助于 SPIN 来实现数据的完整性。

3. 数据新鲜度

仅仅有数据的机密性、完整性仍远远不够,还需要保证每条消息的新鲜度。数据新鲜度也就是说消息是最近产生的而不是攻击者重放的。当采用共享密钥策略时,该要求至关重要,往往要随时改变共享密钥。但是,将新的共享密钥传播给整个网络需要耗费一定的时间,这就给攻击者进行重放攻击以可乘之机。假如传感器节点没有做到随时将新密钥改变,那么传感器节点的正常工作也就无法得到保证。该问题的解决办法是将一个随机数或者跟时间有关的计数器添加到分组中,最终达到保证数据新鲜度的目的。

SPIN 识别新鲜度包括弱新鲜度和强新鲜度这两种类型。弱新鲜度——提供局部消息排序，但是不承载时延信息；强新鲜度——提供全部请求-响应对的排序，时延估计也包括在内。弱新鲜度用于传感器感知数据，强新鲜度用于网内时间同步。

4. 认证

消息认证存在于很多传感器网络应用中，且都非常重要。攻击者的攻击手段不限于修改数据分组，还可以改变整个分流组（这是借助于注入额外分组实现的），故在决策过程中，全部接收节点都要保证正确的可信任源节点是数据的来源。借助于数据认证，接收节点才能够验证数据确实来源于所要求的发送节点。

对于点对点通信，可采用完全对称机制来实现数据认证。发送节点和接收节点共享一个秘密密钥，所有通信数据的消息认证码（Message Authentication Code，MAC）的计算都可通过秘密密钥来实现。接收节点接收到一条具有正确消息认证码的消息时，就可以判断出此消息必定是与其通信的那个合法节点发送的。

在广播环境中，想要对网络节点做出较高的信任假设是不现实的，故在广播环境中这种认证技术无法使用。假如一个发送节点需要将一条信息发送给互不信任的接收节点，即使是使用一个对称消息认证码，其安全性也是值得怀疑的：只要该对称消息认证码被其中任何一个不信任接收节点所获知，就可以扮演成这个发送节点，其他接收节点就会收到伪造信息。故非对称机制是广播认证实现的基础。

5. 自组织

一般情况下，WSN 是 Ad Hoc 网络，要求每个传感器节点要拥有尽可能足够的独立性和灵活性，以便具备自组织、自愈能力。网络中,用于网络管理的并非是固定基础设施。以上这些对 WSN 安全来说都是一个巨大挑战。例如,中心节点与所有传感器节点共享的密钥会因整个网络的动态性而无法预先设置。鉴于此,若干种随机密钥预分配方案相继被提出。想要在传感器网络中采用公共密钥加密技术,前提条件是要具备公共密钥高效分发机制。分布式传感器网络必须能够自组织,支持多跳路由和密钥管理,使传感器节点之间的信任得以建立起来。若传感器网络自组织能力较为欠缺或者是根本不具备自组织能力的话,那么攻击者甚至危险环境造成的网络受损都可能是灾难性的。

6. 可用性

很多人曾经试图通过调整、修改传统加密算法而使其适用于 WSN,这么做难度非常大,且有引入额外开销的可能性。为了尽可能地使其重复使用可通过将代码进行修改;为了实现相同不变采用额外通信的方式;或者对数据访问进行强行限制,传感器和传感器网络的可用性都会因这些方法得以弱化,理由如下:

①额外计算消耗额外能量,若不再有能量,也就意味着数据的不可用。

②额外通信也消耗较多能量,且通信增加,通信碰撞概率随着增大。

③假如使用中心控制方案,单点失效问题就会发生,从而威胁到网络的可用性。

可用性安全要求不仅对网络操作造成影响,且与整个网络的可用性维护密切相关。可用性确保:即使存在 QoS 攻击,所需网络服务仍然可用。

7. 时间同步

大多数传感器网络应用依靠某种形式的时间同步。各个传感器会定期关闭其电台以达到节省能量的目的。传感器节点需要计算分组在两个通信节点对之间的端到端时延。联合协作性传感器网络用于跟踪应用时,有需要节点组同步的可能性。

8. 安全定位

一个传感器网络的效用往往跟每个网络节点精确而自动的节点定位能力有很大关系。故障定位传感器网络需要精确的位置信息才能够查明故障的位置。但是,攻击者很容易操控如报告虚假信号强度和重放信号等不安全的位置信息。

9. 其他安全要求

授权:确保只有得到授权的传感器节点才能够参与对网络服务的信息提供。

认可:认可表示节点不能拒绝发送其以前已经发送过的消息。

在 WSN 中,在网络运行过程中发生传感器节点失效问题、布置新的传感器节点并不少见,因此应充分考虑前向保密要求和后向保密要求:

①前向保密。一个传感器节点退网后应该不能再对网络中随后的任何消息进行读取。

②后向保密。入网节点应该不能读取网络中此前已经发送过的任何消息。

7.1.3　安全框架

归根到底,WSN 安全就是要防止各种类型的攻击、实现 WSN 的安全目标和 WSN 的应用。对于无线传感器网络安全体系来说,为了达到一定的安全目标,按照预先的规则实现传感器网络中的各项安全防范单元的有机组合。防止攻击的主要手段为数据加密和节点认证。本节将介绍在无线传感器网络中已提议并实现的安全体系结构的两个主要整体解决方案。

1. SPINS 安全框架

SPINS 安全协议簇是最早被人们提出的无线传感器网络的安全框架之一，由安全加密协议 SNEP 和认证流广播 μTESLA 共同组成。

双向通信认证、数据机密性、数据完整性以及数据新鲜度（Fresh Data）等均为 SNEP 提供的安全服务；对广播消息的数据认证服务则是由 μTESLA 协议提供。在 SNEP 协议中，通信双方共同维护和共享两个计数器作为 CTR 的分组密码，每发送一块数据后，通信双方将各自计数器值做相应地调整，为了节省能量，发送消息时不发送计数器值。SNEP 协议采用了消息认证码（MAC），这么做的目的是为了实现通信双方的认证和数据完整性服务。

μTESLA 协议是一种是为低功耗设备专门设计的能够实现广播认证的微型化 TESLA 协议，TESLA 协议计算量大、占用包数据量大和耗费内存大的缺点得以有效克服，与此同时，兼具中间节点可相互认证的优点（可提高路由效率），可通过延迟对称密钥的公开来实现广播认证机制。可以采用一个公开的单向函数 F 来计算出密钥链中的 MAC 密钥：$K_i = F(K_i + 1)$。密钥 K_i 可因 $K_i + 1$ 知道而被推算出。

点的加密和消息的完整性保护可由 SPINS 来提供，双方认证和保证消息的完整性可通过消息认证码来实现。可由密钥、计数器值和加密数据混合计算得出消息验证码。对数据的加密可用计数器值和密钥来进行，无需加密交换节点之间的计数器值。DoS 攻击的防止可采取以下方法来实现，一是同步节点间的计数器；二是将另一个不依赖于计数器的消息认证码添加到报文中。SNEP 的特点是在语义安全、数据认证、回放攻击保护和数据的弱新鲜性得到保证的同时，仍然能够保持较小的通信量。

SPINS 实现了认证路由机制和节点到节点间的密钥合作协议,在 30 个字节的包中仅有 6 个字节用于认证、加密和保证数据的新鲜性。无线传感器网络的安全机制没有被详细而全面地给出是其缺点。

2. LEAP＋安全协议

LEAP(Localized Encryption and Authentication Protocol,本地加密与认证协议)是无线传感器网络的一个密钥管理协议。LEAP＋支持每个节点建立的密钥包括以下四种:与中心节点共享的单独密钥、每个相邻节点共享的成对密钥、与一组相邻节点共享的分群密钥、与所有网络节点共享的全网密钥。这 4 种密钥的使用可提高很多协议的安全性。为了实现高效弱本地广播认证,协议往往会采用单向密钥链;网内支持在协议的密钥共享方法中得到支持,能够将节点失密引起的安全影响局限在失密节点的直接相邻区域内;协议采用的密钥建立规程和密钥更新规程效率都比较高,对每个节点的存储要求比较低。LEAP＋提供的密钥机制有多重,在此基础上能够实现无线传感器网络的机密性和认证,从而达到防止对无线传感器网络攻击的目的。

7.2　无线传感器网络中的安全威胁因素及应对策略

7.2.1　传感器节点的物理操作

无线传感器网络中传感器节点数量非常庞大,随着无线传感器网络规模的日益扩大,传感器节点数量仍会持续不断地增长,想要监控和保护所有的节点几乎是不可能实现的,然而每个节点都有被物理和逻辑攻击的可能性。

通常情况下,传感器部署在无人维护的环境中,攻击者很容易就能捕获传感器节点。当传感器节点被捕获之后,在编程接口(JTAG 接口)的基础上,可以修改或获取传感器节点中的信息或代码,在简单的工具(计算机、UISP 自由软件)的帮助下,攻击者可以迅速将 EEPROM、Flash 和 SRAM 中的所有信息传输到计算机中,通过汇编软件,获取的信息借助于汇编软件可以转换成汇编文件格式,从而分析出传感器节点所存储的程序代码、路由协议及密钥等机密信息,同时还可将程序代码进行修改,并加载到传感器节点中。

很显然,在通用的传感器节点有很大的安全漏洞,攻击者可以利用安全漏洞获取传感器节点中的机密信息、对传感器节点中的程序代码进行修改,如使得传感器节点具有多个身份 ID,可以在无线传感器网络中方便地进行通信,另外,还可以通过获取存储在传感器节点中的密钥、代码等信息来进行攻击,从而通过伪造或伪装成合法节点的手段加入到无线传感器网络中。一旦攻击者控制无线传感器网络中的一部分节点后,就可以利用这些节点进行更多攻击。

应对策略:在无线传感器网络中,一个无法避免的安全问题就是物理操纵传感器节点且实现起来非常容易,故需要借助于其他技术达到提高无线传感器网络的安全性能的目的。如节点与节点的身份认证可在通信前进行;重新设计密钥使用方案,就算是攻击者获取了一小部分节点,想要基于此推导出其他节点的密钥信息仍然是困难重重。另外,想要提高节点的安全性能的话,还可以采用对传感器节点软件的合法性进行认证等措施来实现。

7.2.2 信息窃听

鉴于无线传播和网络部署的独特性,想要获得敏感或私有信息的话,攻击者通过节点间的传输来实现,例如:在利用无线传感器网络对室内温度和灯光的进行监控的情况下,这样的话,室内传感器所收集的温度和灯光信息会被部署在室外的无线接收器所获知;攻击者也可以利用该条件,来对室内外节点信息间的传输进行监听,即可在知悉室内信息的基础上洞悉房屋主人的生活习性。

应对策略:想要解决窃听问题的话需要对传输信息进行加密,这就需要一个灵活、强健的密钥交换和管理方案。鉴于传感器网络节点的种种独特性,要求密钥管理方案要具备易部署的特点,另外,还必须保证当部分节点被操纵后(这样,攻击者就可以获取存储在这个节点中的生成会话密钥的信息),密钥管理方案也能够保证整个网络的安全性。在无线传感器网络中,无法做到每个节点都做到端到端的安全,这是因为传感器节点的内存资源非常有限。为了加强无线传感器网络的安全性,可以采取跳-跳之间的信息加密,密钥的共享只要发生在传感器节点与邻居节点即可。如果采取这种方式的话,即使攻击者捕获了一个通信节点,影响的范围仅限于相邻节点。如果攻击者利用操纵节点发送虚假路由消息的话,会对整个网络的路由拓扑造成恶劣影响。可以利用具有鲁棒性的路由协议来解决问题,此外多径路由也是一个不错的解决办法。所谓的多径路由,就是将部分信息通过多个路径来进行传输,且在目的地进行重组。

7.2.3　私有性问题

收集信息是无线传感器网络的主要目的,攻击者为了达到获取敏感信息的目的,往往会采取窃听、加入伪造的非法节点等方式,如果怎样从多路信息中获取有限信息的相关算法被攻击者获知的话,那么攻击者就可以轻而易举地取得有效信息。针对传感器中的私有性问题,攻击者往往才采用远程监听的方式来对无线传感器网络进行监听,记住与特定算法从获知的大量中将其中的私有性问题分析出来。不难理解,在远程监听中,攻击者没有必要直接接触传感器节点,其风险更低且成功率非常高。通过使用技术水平较高的——远程监听,即使是多个节点的传输信息也可被单个攻击者所获知。

应对策略:可以通过数据加密和访问控制的方式,保证只有可信的实体才能访问到网络中的传感信息,从而使信息的私有性问题得到很好地解决;事实上,信息的详细程度跟泄露私有性信息的可能性呈正比,故可以限制网络所发送新的粒度,比如,一个节点可以通过对从相邻节点接收到的大量信息进行汇集处理,且传送的仅限于处理结果,这样的话,数据匿名化即可顺利实现。

7.2.4　DoS 攻击

破坏网络的可用性是 DoS 攻击的目的所在。所有能够减少、降低执行网络或系统执行某一期望功能能力的任何事件均属于 DoS 攻击的范畴。如试图中断、颠覆或毁坏无线传感器网络,此外,硬件失败、软件 Bug、资源耗尽、环境条件等也包含在内,其中,需要重点对待的是协议和设计层面的漏洞。在实际操作过程中,想要判断攻击是否是有意 DoS 攻击难度非常大,在大规模网络中尤其如此,这就难免导致有较高的单个节点失效率存在于无线传感器网络中。

信道阻塞就可以看作是 DoS 攻击,且 DoS 攻击更多地集中在物理层。此外,DoS 攻击还包括在网络中恶意干扰网络中协议的传送或者物理损害传感器节点。攻击者还利用传感器节点能量有限的缺陷,向传感器节点发送大量无用信息,这样的话,目标节点在对这些信息处理的同时就会消耗大量能量,且能够把这些消息发送给其他节点。若目标节点被攻击者捕获的话,攻击者就可以利用目标节点来伪行 DoS 攻击,如采用循环路由的方式耗尽循环节点中的能量就是一个比较常用的攻击方式。鉴于攻击者攻击方法的多样性,故防御 DoS 攻击的方法也有很大的差异。可以利用一些跳频和扩频技术来有效减轻网络堵塞问题,为了防止在网络中插入无用信息可以采用认证方式,然而,需要注意的是,要保证这些协议的有效性,否则攻击者就会基于此来发起 DoS 攻击。比如,利用非对称加密机制的数字签名来进行信息认证时,签名的创建和验证可以说是一个计算速度慢、能量消耗大的工程,攻击者实施 DoS 攻击时往往采取将大量的这种信息引入到网络中的手段。

7.3　无线传感器网络中的密钥管理

7.3.1　密钥管理的安全和性能评价

类似于典型网络,WSN 密钥管理也需要满足传统安全需求,具体包括可用性(Availability)、完整性(Integrity)、机密性(Confidentiality)、认证(Authentication)和认可(Non-reputation)等。此外,根据 WSN 自身的特点,以下一些性能评价指标是 WSN 密钥管理需要满足的。

①可扩展性(Scalability)。随着 WSN 规模的不大扩大,WSN 的节点数量也在不断增多,这个过程伴随着密钥协商所需的计算、存储和通信开销的增大,同时也对密钥管理方案和协议提出了更高地要求以适应不同规模的 WSN。

②密钥连接性(Key Connectivity)。节点之间直接建立通信密钥的概率即为密钥连接性。WSN 发挥其应有功能的必要条件是保持足够高的密钥连接概率。在实际应用中,WSN 仅仅要求较高的密钥连接存在于相邻节点之间,无需保证某一节点与其他所有的节点保持安全连接。

③有效性(Efficiency)。网络节点的有效性主要体现在存储、处理和通信能力方面,且不得不对其做充分的考虑。进一步来说,就是以下几个方面是需要考虑的:用于保存通信密钥的存

储空间使用情况和存储能力;为生成通信密钥而必须进行的计算量和计算能力;在通信密钥生成过程中需要传送的信息量和通信能力。

④抗毁性(Resilience)。抗毁性可通过受损节点和未受损节点之间的关系来表示,即为当部分节点受损后,未受损节点的密钥被暴露的概率。抗毁性跟链路受损呈反比。

7.3.2 典型密钥管理方案

立足于不同的角度,WSN 中的密钥管理(Key Management,KM)可以分为不同的管理方案。根据共享密钥的节点个数,密钥管理可以分为对密钥管理方案和组密钥管理方案;根据密钥产生的方式,密钥管理又可分为预共享密钥模型和随机密钥预配置模型。除此之外,还包括基于位置的密钥预分配模型、基于密钥分发中心的密钥分配模型等。

1. 预共享密钥分配模型

常见的预共享密钥有节点之间共享和每个节点与网关节点之间共享。在 WSN 中,一个主密钥可以在每对节点之间进行共享,且能够在任何一对节点之间建立安全通信,然而这么做会导致 WSN 的扩展性、抗俘获能力都比较低,且仅能在小规模的WSN 中使用。如果在每个节点和网关节点之间共享一个主密钥,虽然会降低每个节点的存储空间需求,但会导致整个 WSN或高度依赖网关节点,会在网关节点高度集中着计算和通信的负载,易造成网络瓶颈,总而言之,鉴于实现简单,可以在小规模范围内使用预共享的密钥分配方法。

图 7-1[①]为基于单密钥通信的传感器网络。该网络实际上可以看作是一个路由森林,根节点是一个或多个网关节点,叶节

---

① 赵仕俊,唐懿芳.无线传感器网络[M].北京:科学出版社,2013:281

点是传感器节点。节点可以利用基信标的周期传输机制来建立一个路由拓扑。每个节点向网关节点传输消息,可以借助于节点转发的方式来实现;网关节点想要访问每个节点的话,可以借助于源路由来实现。所以,每个节点与网关节点之间的安全通信都需要借助于一个共享的单独密钥来实现,且该密钥是预先配置在节点里。对于任意一个节点 u,可通过方程式 $K_u^m = fK_s^m(u)$ 来计算出它的单独密钥 K_u^m,式中 f 是一个随机函数,K_s^m 是网关节点的主密钥。在该方案中,网关节点保存的只是其主密钥,这么做的出发点是为了节省存储其他节点与网关节点共享的单独密钥。当网关节点与任意一个节点 u 之间建立连接进行通信时,其计算工作仅限于 K_u^m。

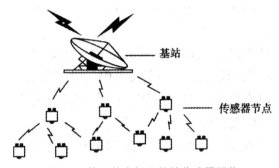

图 7-1　基于单密钥通信的传感器网络

2. 随机密钥预分配模型

随机密钥预分配模型是基于以下核心思想实现的:密钥链是由所有节点从一个大的密钥池中随机选取的若干个密钥组成的,安全通道的建立是由密钥链之间拥有相同密钥的相邻节点之间建立的。由密钥预分配、密钥共享发现和路径密钥建立这三个阶段共同组成基本随机密钥预分配模型。

密钥预分配阶段:前提条件是一个大的密钥池 G 和密钥标识的产生;然后将不重复的 k 个密钥随机地抽取出来且组成密钥链;最后在不同传感器节点上装载着不同的密钥链。

共享密钥发现阶段:在前一节点的基础上,每个节点都要努力查找到周围与其有共享密钥的节点，而连接仅仅存在共享密钥的节点之间。

路径密钥建立阶段：在两个节点之间没有共享密钥的存在于两个节点之间的话，则链路密钥的建立可通过存在共享密钥的路径来实现。

在随机密钥预共享模型中，以一定的概率共享密钥存在于任何两个节点之间。随着密钥池中密钥数量的减少，传感器节点存储的密钥链就会得以延长，共享密钥的概率也会有所增大。然而，密钥池的密钥量跟网络的安全性呈正比；节点存储的密钥链长度也跟消耗的存储资源大小呈正比。

在 Q-composite 模型中，为了大搞提高系统抵抗力的目的，该模型对基本的随机密钥预分配模型中两个节点公共密钥做了最低要求，即 q 个。在此方案中，若所有共享密钥信息均被获知后，如果两个节点之间共享密钥数量超过 q 个，那么一个主密钥就会由共享的密钥来生成，作为两个节点的共享主密钥。想要提高 q 值的话，就需要缩小整个密钥池，这样以来，攻击者可以根据所俘获的少量节点即可实现较大密钥空间的恢复。故从以上内容不难看出，Q-composite 模型的关键是找到最佳密钥池的大小。

3. 基于位置的密钥预分配模型

从一定程度来看，基于位置的密钥预分配模型可以看作是对随机密钥预分布模型的一个改进。立足于随机密钥对模型，该方案引入了传感器节点的位置信息，会有一个地理位置参数存在于所有节点上。基于位置信息，该方案和随机密钥分配模型比起来，在网络规模、存储容量都相同的情况下，可以提高两个邻居节点具有相同密钥对的概率，与此同时，网络抗击节点被俘获的能力也得到了有效提高。

基于对等簇头节点（Peer Intermediary）的密钥预分配方案是一种典型的基于位置的密钥预分配模型。在该方案中，它会把部署的网络节点划分成一个网格,密钥对的共享存在于每个节点与它同行和同列的节点之间。在该方案中,此方案节点在建立共享密钥时的计算量及对存储空间的需求在很大程度上得以减少。

4. 基于部署知识的密钥预分配模式

在实际部署中,如果能够预先知道无线传感器网络中哪些节点是相邻的,对密钥预分配来说意义重大,能够使密钥预分配的盲目性得以降低,使节点之间共享密钥的概率处于一个较高的水平。因此,密钥预分配模式会因传感器部署方法的合理性而提高自身的有效性。例如,在单个部署点周围被部署着一组传感器节点,每组节点最终位置的概率分布函数是相同的,如符合标准正态分布。部署模型为:N 个节点被分成 $t \times n$ 个相等尺寸的群组为部署节点处 $G_{i,j}$,其中 $i = 1, \cdots, t, j = 1, \cdots, n$;$(i, j)$ 群组 $G_{i,j}$ 的部署点由 (x_i, y_j) 来代表。每个部署点为每个栅格的中央,概率分布函数在部署期间节点 k 的最终位置所遵循的

$$f_k^{ij}(x, y \mid k \in G_{i,j}) = f(x - x_i, y - y_j) \qquad (7\text{-}1)$$

密钥池的划分:全局密钥池由 S 来代表,该密钥池被划分成为相邻部分有重叠的 $t \times n$ 个部分。在 $G_{i,j}$ 内的子密钥池由 $S_{i,j}$ 来表示。相邻的部署区域之间存在共享密钥的概率因相邻子密钥池之间共享密钥较多而较大。

和基本随机密钥预分配模式相比较而言,此模式的差异仅体现在密钥预分配阶段的不同。这个阶段是传感器被部署之前的离线阶段即为此阶段,密钥池 $S_{i,j}$ 被群组 $G_{i,j}$ 中的节点使用着,然后在对应的栅格中部署着 $G_{i,j}$。标识相邻的群组的部署位置也是相邻的,从而导致密钥池也是相邻的。之所以建立密钥池 $S_{i,j}$,是为了让相邻的密钥池共享更多的密钥,减少不相邻密钥池共享的密钥。

5. 和其他节点共享的对密钥

图 7-2 为基于对密钥进行通信的传感器网络模型。会有一个共享的密钥存在于每个节点与它的邻居节点之间。在该协议中,借助于对密钥能够使通信的安全性得到保证,例如,借助于其对称密钥一个节点向其邻居节点发布它的簇密钥且该过程非常安全,或者安全地给网关节点发送传感器数据。首先,网关节点产生一个初始密钥 k_1 会由网关节点产生,且全部节点都会收到该初始密钥,在该初始密钥 k_1 的基础上每个节点 u 都可以计算出它的主密钥 $k_u = f \times k_1(u)$。节点 u 查找其任意邻居节点 v 的话,可通过发送 HELLO 消息来实现。当这个消息送达节点 v 时,节点 u 就会收到节点 v 的主密钥 k_v,在此基础上即可得出对密钥 k_{uv},即 $k_{uv} = f \times k_v(u)$。同样,对密钥 k_{uv} 也可由节点 v 独立计算出来。

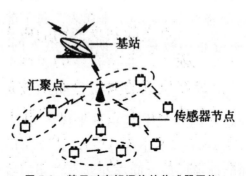

图 7-2　基于对密钥通信的传感器网络

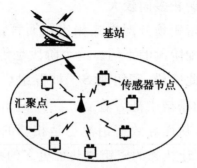

图 7-3　基于簇密钥通信的传感器网络

6. 与多个邻居节点共享的簇密钥

簇密钥的应用场所为局部的广播信息,其共享存在于一个节点和它的邻居节点之间。在路由控制信息、安全传感消息中会用到簇密钥。它的通信模型如图 7-3 所示。簇密钥的建立非常简单,且是基于对密钥的。假设节点 u 想要与其全部邻居节点 $v_1, v_2, \cdots, v_m$ 建立一个簇密钥,节点 u 首先产生一个随机密钥 k_{cu},然后该密钥就会被每个邻居节点使用各自的对密钥对其进行加密,再发送给每个邻居节点 v_i。节点 v_i 会对密钥 k_{cu} 进行解密,再将其存储于一个表中。当废除一个邻居节时,为了安全起见,节点 u 会立刻生成一个全新的簇密钥,在之前方法的基础上剩余节点就会收到这个新密钥。

7. 网络中所有节点共享的群密钥

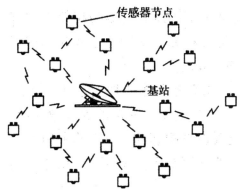

图 7-4　基于群密钥通信的传感器网络

网关节点借助于这个全局共享的组密钥,网关节点实现了信息的加密,然后整个组节点会收到加密后的信息,通信模型如图 7-4 所示。由于网络中的所有节点都能够共享群密钥,为了使一个信息 M 被全部节点安全地收到,网关节点传输采用的是跳频变换的方式。在收到该加密信息之后,每个邻居节点都会对其解密,获取,再利用自己的簇密钥对信息 M 进行加密,然后将该信息广播出去,直到所有节点都收到信息 M 这一过程才结束。显而易见,每个簇头节点均需对该信息进行加解密,该过程导致了大量能量的消耗,为此方法的一大缺点。当一个危害节点被侦察到时,就需要修改组密钥,需要再次广播给其他节点。

7.3.3 层次型 WSN 动态密钥管理方法

如前所述,在一个固定的密钥池中分配给各个节点一些固定的组合为所有 WSN 静态密钥管理方法的一个共同之处。2006 年,基于 Exclusion Basis Systems(EBS)和传感器网络的分簇结构,Eltoweissy 提出了动态密钥管理的概念。和静态密钥管理比起来,以下几点为动态密钥管理的优点所在。

①任意节点所拥有的全部密钥均可被动态和高效地取消掉,可以很容易断开与被敌方掌控节点之间地连接,保证了网络的安全性能。

②节点存储空间限制不会再影响到网络规模,即使是大规模分簇式网络也可以被很好地管理。

③和静态密钥管理比起来,在实现同等安全性的情况下,能够很好地节约存储空间,减小能量消耗,延长无线传感器网络寿命。

1. EBS 和基于 EBS 的 WSN 动态密钥管理方法

基于 EBS 的 WSN 动态密钥管理方法中有两种密钥:管理密钥和会话密钥。管理密钥又称为密钥生成密钥,为 EBS 密钥体系的组成部分,但在通信数据的加密过程中并不直接使用管理密钥,更多的是在如建立和更新密钥系统、会话密钥的生成、取消节点等 EBS 内部的密钥管理事件中使用。当建立完 EBS 系统之后,会话密钥(通信密钥)即可被在线地生成,能够加密组内或某些特殊节点之间的通信数据。

定义 7-1:EBS(n,k,m) 设 n,k,m 均为正整数,且 $1 < k,m < n$, EBS(n,k,m) 是以集合 $\{1,2,\cdots,n\}$ 的子集为元素构成的

集合 Γ ，并且对于 $\Delta t \in \{1,2,\cdots,n\}$ ，以下两个条件均能够得到满足：

① t 最多出现在 Γ 的 k 个元素中。

② Γ 中的元素刚好有 m 个（ $A_1,A_2,\cdots,A_m$ ），它们的并集 $\bigcup_{i=1}^{m} A_i = \{1,2,\cdots,n\}-\{t\}$ （也就是说任何一个用户 t 都可以由恰好 m 个集合排斥掉）。在基于 $EBS(n,k,m)$ 的 WSN 动态密钥管理方法中，节点数目由 n 表示，分配给每个节点的管理密钥个数由 k 表示，管理密钥总数由 $k+m$ 表示。可以证明：

· 当 $\begin{bmatrix} k+m \\ k \end{bmatrix} \geqslant n$ 时，$EBS(n,k,m)$ 可由 $\begin{bmatrix} k+m \\ k \end{bmatrix}$ 中的任意 n 个组合方式构成，在此基础上一个管理密钥的分配方案得以顺利形成；

· 最多有 m 个数据包被广播，任意节点拥有的全部管理密钥均可被取消并更新，实现该节点的删除（驱逐）。

定义 7-2：同化多项式密钥　若 $f(x_1,x_2,x_3) = C + \sum_{i_1=1}^{t+1}\sum_{i_2=1}^{t+1}\sum_{i_3=1}^{t+1} a_{i_1 i_2 i_3} x_1^{i_1} x_2^{i_2} (x_3-x_c)^{i_3}$ ，其中 x_c 为一个常数，C 、$a_{i_1 i_2 i_3}$ 属于有限域 F_q ；q 为一个可以容纳管理密钥的足够大的质数，则 $f(x_1,x_2,x_3)$ 为 $t+1$ 阶同化多项式。

2. 网络模型与假设

分簇式网络结构在 EEHS（Energy Efficient and Highly Survivable）中被采纳，按照功能可将其中的节点分类以下几类。

①传感节点（Sensing Node,SN），如环境监测、人员定位等网络的基本任务均由这些节点负责完成。它们需要初步处理获得的外界数据，然后将处理过的信息发送给自己所在簇的簇头节点。

②簇头节点（Head Node,HN），通过对传感器节点的介绍可以看出，簇头节点实际上就是簇内的管理者。簇头节点无论是在数据收集方面还是网络安全方面都有着举足轻重的作用。

在数据收集方面,簇头节点能够收集来自是传感节点放入的数据,再将经过深度分析、融合压缩的数据发送给远端的数据终端(Data Terminal,DT)。而在网络安全方面,簇头节点除了具备收集数据的功能外,还负责密钥的分配和更新、节点的接收和驱逐、共谋后恢复等功能。

③密钥生成节点(Key Generation Node,KGN),密钥的管理和共谋恢复均由该这些节点负责完成。

3. 外界攻击模型与假设

在外界攻击方面假设如下。

①节点捕获攻击为网络受到的主要攻击,且信息能够被捕获的节点之间进行共享。节点的被捕获伴随着其上的全部密钥的被捕获。

②根据是否识别,节点捕获可以分为可识别的捕获和不可识别的捕获两种。系统中设计了一些攻击检测功能(Intrusion Detection System,IDS),在该功能的基础上,部分节点捕获攻击得以识别出来,从而实现了密钥的恢复。

③包括 SN、HN 和 KGN 在内的全部节点都逃脱不了被捕获的嫌疑,但数据终端(DT)是安全的。

④网络初始化阶段是安全的,这就意味着在此期间节点不会被捕获。

4. 层次型 WSN 动态密钥管理方法 EEHS

①节点初始化。只有完成节点的初始化之后才能布置网络。在 EEHS 中,为了对节点的合法身份进行确认,要求其同时兼具一个全网唯一的 ID、一个与 DT 之间的私有密钥 K、一个统一的单向密钥生成函数 F,这个条件缺一不可。与此同时,还需要初始化表征节点状态的变量,包括分簇状态 Cluster_State 初始化为 SN_Unclustered;自选为 HN 的概率 P_{self} 初始化为 P_{ini};所在簇的 HN 的 ID_c 初始化为(0,0);距离所在簇的

HN 的跳数 H_c 初始化为 HTS。

②网络分簇结构初始化。在监控区域,完成传感节点(SN)的随机布置后,分簇组网需要由节点来自主完成,为了使网络内的能量消耗得以平衡就需要保证簇头节点 HN 要做到尽可能地均匀分布,其网络结构的确定并不是一次就确定好的,而是在多轮次的分簇方式的基础上确定下来的,每一个轮次耗时 t_{cr},使 HN 的分簇邀请包能够传递至簇的最大半径 HTS 跳范围得到保证。

③EBS 密钥系统初始化。EBS 密钥系统的建立基于网络布置完毕和分簇结构建立。EBS 密钥系统的建立由五个阶段组成,它们分别为:节点注册、生成管理密钥、分配管理密钥、初始化会话密钥、初始化共谋恢复密钥。完成 EBS 密钥系统的初始化后,所有的 SN 节点都会得到自己的 k 个管理密钥、会话密钥和与自己的 H_c 相对应的共谋恢复密钥;密钥的生成和保存是由 KGN 节点负责的,但是有哪些节点得到了生成的密钥并不被 KGN 节点所知;HN 节点拥有的只是会话密钥,同时能够保存密钥分配方案(EBS 矩阵),但实际的管理密钥并不会由它来保存。整个通信过程都有相应的密钥(生成管理 $K_{kg} = F(S_{gd})$)的参与,注册密钥 $K_{sr} = F(S_{rd})$ 等)进行加密,使数据的安全性得到了保证。

5. EEHS 在常态下的功能

常态下,在 EEHS 没有被攻击或未检测到攻击时,其主要包括以下三种功能:密钥更新、添加新节点和功能节点轮换。

①在实际运行过程中,基于 EBS 的密钥系统会周期性或是按需地进行包括管理密钥、会话密钥和共谋恢复密钥在内的密钥更新,从而达到提高网络安全性的目的。

②鉴于 WSN 中资源的有限性,经过较长使用,无线传感器节点往往会因为能量耗尽而失效。故针对该问题,为了保证 WSN 得到预期效果,添加节点不失为理想的解决办法。

③簇内的功能节点包括 HN 和 KGN 为簇内的两大功能节点,负责完成数据汇聚、密钥管理等任务,和 SN 比起来消耗的能量更多。在 EEHS 中,为了达到延长网络生命周期的目的,基于 LEACH 算法由簇内节点来担任功能节点,使节点的能量消耗得到很好地平衡。除此之外,功能节点被捕获后的恢复也可借助于功能节点轮换机制的设计来实现。

6. EEHS 在应急状态下的恢复功能

EEHS 在应急状态下的恢复功能主要体现在节点被攻击者捕获后密钥系统和网络功能的恢复,具体可划分为以下四类。

①针对未形成共谋的 SN 节点捕获攻击的恢复。该恢复功能充分体现了基于 EBS 的动态密钥管理方法的优势,鉴于共谋未形成,故被捕获的密钥可借助于那些未被捕获的密钥来进行更新。

②针对形成共谋的 SN 节点捕获攻击的恢复。密钥体系可在共谋恢复密钥的基础上在未被捕获节点之间得以重建,使网络功能得以尽快恢复。

③针对 KGN 节点被捕获的恢复。存储在 KGN 节点上的管理密钥伴随着 KGN 节点的捕获也逃脱不了被捕获的命运。如果说被捕获的只是部分 KGN 节点,密钥体系的恢复可采用与第 1 类中类似的办法来实现;若没有 KGN 节点逃脱被捕获的命运,则 EBS 体系的重建可借助于第 2 类中的恢复方法。

④针对 HN 节点被捕获的恢复。鉴于 HN 节点控制着簇内的很多数据业务和密钥事件,故一旦 HN 节点被捕获就应当迅速将其驱逐,选取新的 HN 接替它,与此同时,要使密钥体系得以重建。

基于 EBS 的动态密钥管理方法 EEHS 的主要组成部分及特点包括:

①网络的抗捕获性能的提高可借助于 t^2 -安全的特殊多项式密钥(同化多项式密钥)来实现。

②一种无需任何特殊节点或功能、分簇性能可调而且在EBS 体系中比较适用的分簇方法。

③一种安全性比较高的密钥体系建立和运行机制。

④节点能耗的均衡可通过功能节点的轮换来实现,最终使网络鲁棒性得以提高。

⑤根据攻击的危害程度不同,分别建立了四种网络功能恢复机制。

鉴于普通无线通信网络安全技术的先进性及其跟 WSN 有一定的相似性,WSN 可有效结合普通无线通信网络安全技术和自身技术的独特性,使更安全可靠、更方便实施的协议、算法和操作系统得以建立起来。

7.4　无线传感器网络安全防护技术

7.4.1　无线传感器网络认证技术

无线传感器网络的认证系统由三个部分组成,它们分别为内部实体之间认证、网络和用户之间认证和广播认证。

1. 内部实体之间的认证

在密钥管理的基础上,才有了无线传感器网络内实体之间的认证。在所有的密钥管理体制中,内部实体之间的认证主要应用了对称密码学。只有具有共享密钥的节点,才能实现相互认证。此外,鉴于基站技术的安全性和可靠性,在基站的基础上也可以实现各个节点之间的相互认证。

2. 网络和用户之间的认证

用户可以借助于无线传感器网络来收集数据,且位于无线传感器网络外部。只有通过认证的用户才能对无线传感器网络进行访问。可通过以下四种方式来实现用户的认证,如表 7-1[①]所示。

表 7-1 用户认证方式

	不需要路由	需要路由
需要基站	直接基站	路由基站
	请求认证	请求认证
不需要基站	分布式本地	分布式远程
	请求认证	请求认证

(1)直接基站请求认证

用户发出的请求第一步是被传递给基站的。需要借助于相关的 C/S 认证协议才能实现用户和基站之间的相互认证。用户请求只有在被用户被认证成功后,基站才会转发给无线传感器网络。

(2)路由基站请求认证

用户请求始于某些传感器节点,传感器节点无法认证该请求,它们将认证信息路由到基站,对用户的认证由基站来完成。

(3)分布式本地认证请求

用户请求由用户通信范围内的传感器节点可以协作该用户请求完成认证,如果认证通过的话,网络的其他部分将会收到这些传感器节点发送的此请求是合法的通知。

(4)分布式远程请求认证

不是所有的传感器节点能够验证请求合法性与否,只有指定的几个传感器节点才具有该功能。这些指定的几个传感器节点可能分布在某些指定的位置。这些节点将会收到路由到的用户认证信息。

---

① 王汝传,孙力娟.无线传感器网络技术导论[M].北京:清华大学出版社,2012:136

3.广播认证

研究无线传感器网络广播认证的重要意义体现在能够保证广播实体和消息的合法性。在无线传感器网络安全协议SPINS中,A. Perrig 等提议 μTESLA 作为无线传感器网络广播认证协议。在 μTESLA 协议的基础上,多层和适合于多个发送者的广播认证协议被 D. Liu 提议。

作为服务提供者,无线传感器网络对环境进行监控,实现监测数据的收集和存储。作为服务请求者,基于无线传感器网络,合法用户能够获取需要的数据。在无线传感器网络中,若干传感器节点均有可能被破坏者所威胁,因此需要建立相应的访问控制机制。

Z. Benenson 等在具有稳健性无线传感器网络访问控制算法的基础上,提出了 t 稳健传感器网络,其能够容忍的被捕获的节点为 t 个。以下三个问题是需要考虑的:① t 稳健存储,被捕获的只有 t 个节点,故无线传感器网络存储的任何信息无法被敌人获知;② n 认证,使用户广播范围内的 n 个合法节点认证用户身份得到保证;③ n 授权,跟 n 认证比较接近。与此同时,还提出了 t 稳健性协议,使无线传感器网络访问控制机制得以顺利实现。稳健性的访问控制借助于以下方式来实现:在无线传感器网络中,感知数据以 t 稳健的方式存储着。当用户需要阅读数据时,n 认证需要使用自己的身份来调用,在此基础上用户再调用 n 授权。如果用户身份合法且同时有相应的权限,则用户会收到传感器节点以加密的方式发来的数据。用户在收到 t +1 个数据份额的基础上能够实现需要的感知数据的构造。

7.4.2　安全定位协议与时钟同步技术

在无线传感器网络的大多数应用中,传感器节点位置的确定都是必不可少的。这些传感器节点定位协议根据定位机制的差异可以分为基于测距(range-based)的定位和不基于测距的(range-free)定位。基于测距的传感器定位协议对传感器节点位置的计算是基于点对点的距离和角度的测量实现的。这个方法的实现需要纳秒级的精确时钟、方向天线等数据,故传感器节点的硬件要处于较高水平。不难理解,不基于测距的定位协议无需准确的测量点对点之间的距离和角度,故能够有效节省成本,在 WSN 中更加适用。

过去几年,人们对无线传感器网络时间同步问题非常重视,相继提出了很多适用于无线传感器网络环境的时间同步协议,在这些协议的基础上传感器节点点对点的时间同步(邻居节点间获得高精度的相互时间同步)或传感器节点的全局时间同步(整个无线传感器网络中所有节点共享一个全局的时钟)得以有效实现。细分的话,现有的点对点时间同步协议可分为以下两类:

①接收者-接收者同步(Receiver-receiver Synchronization),例如 RBS 这类同步协议,通过参考节点广播一个参考报文来帮助每对接收者节点将相互之间的本地时间差顺利确定下来,使相互时间得以同步。

②接收者-发送者同步(Sender-receiver Synchronization),例如 TPSN 这类协议,在发送者与接收者之间的同步报文的基础上将发送者与接收者之间的时间差顺利计算出来。

大多数全局时间同步协议都是基于点对点时间同步实现的,通过在无线传感器网络中建立多跳(multihop)路径使全部节点的点对点时钟同步能够沿着多跳路径与邻居节点实现,实现自己的本地时钟与一个特定的源时钟之间的同步,最终完成全局同步的目标。

7.4.3　无线传感器入侵检测技术

入侵检测在传统计算机网络安全技术中也十分常见。节点异常的监测以及恶意节点的辨别为无线传感器入侵检测技术的工作重点。类似于传统网络的入侵检测,传感器网络入侵检测也由入侵检测、入侵跟踪和入侵响应。入侵检测框架如图 7-5[①]所示。

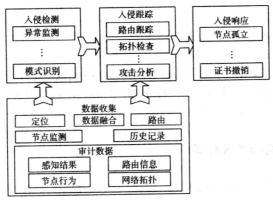

图 7-5　入侵检测的实现框架

7.4.4　无线传感器网络 DoS 攻击

任何试图降低或者消灭无线传感器网络平台期望实现某种功能的行为都属于无线传感器网络 DoS 攻击。如表 7-2 所列的是比较常见的无线传感器网络 DoS 攻击和防御方法。

表 7-2　无线传感器网络层次和 DoS 防御

网络层次	攻　击	防　御
物理层	干扰台	频谱扩展、信息优先级、低责任环、区域映射、模式变换
	消息篡改	篡改验证、隐藏
链路层	碰撞	差错纠正码
	消耗	速率限制
	不公平	短帧结构

① 赵仕俊,唐懿芳.无线传感器网络[M].北京:科学出版社,2013:265

网络层次	攻　击	防　御
网络层	忽视和贪婪	冗余、探测
	自引导攻击	加密、隐藏
	方向误导	出口过滤、认证、监测
	黑洞	认证、监测、冗余
传输层	泛洪	客户端迷惑
	失步	以征

对存在于无线传感器网络中恶意路由的检测可通过基于线索的监测方法来实现，如图 7-6 所示。

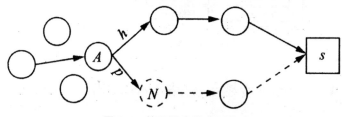

图 7-6　基于线索的监测方法

节点 A 发出的数据包 p 的下一跳节点 N（由路由协议决定），A 以一定概率同时发送数据包 p 的线索 h，线索 h 不会被路由经过节点 N。网关节点对节点 N 的监测可在收到数据包和线索基础上实现。

7.5　无线传感器网络的发展与安全趋势

物联网概念的提出，所有的物品在物联网概念的基础上通过射频识别（RFID）、红外感应器、全球定位系统、激光扫描器等信息传感设备与互联网之间建立连接，实现信息的交换和通信，最终实现智能化识别、定位、跟踪、监控和管理。新一代 IT 技术借助于物联网得以在各行各业之中得到充分利用，彻底改变了人们的工作、生活、娱乐。无线传感器网络作为物联网感知层的一部分,主要负责对环境和物体的监控,因此在物联网环境下,无线传感器网络的安全面临新的挑战,其安全问题主要有以下几个方面。

1. 本地安全问题

随着现代科学技术及工艺水平的提高,传感器节点的硬件功能更为强大,制造成本不断降低,并且各个节点的通信半径、存储空间等存在差异。因此在可执行多种任务的异构无线传感器网络中,需要改进传统的安全算法,以适应异构型的网络,减少节点的能耗,增强网络的生存能力。

2. 信息保护问题

网络中节点所感知的信息形式、内容丰富多彩,从温度测量到水文监控,从道路导航到自动控制,所传输的数据不仅有标量数据,还有多媒体数据,不存在特定的标准对其数据传输和消息做规定,故统一的安全保护体系很难提供。

3. 信息传输问题

物联网中的数据信息非常庞大,而无线传感器节点的存在方式是集群,故在传输数据的过程中,传感器节点资源极其有限性,容易造成网络的阻塞,也就无法避免拒绝服务攻击的发生。而现有通信网络的安全架构在机器通信中并不适用,之所以会有这种情况发生,是因为其设计是立足于人通信的角度来进行设计的。

4. 业务安全问题

由于无线传感器网络常部署在无人看守的地区,因此在物联网中提供数据服务时,如何对用户的身份进行认证,以及远程签约等问题变得尤为困难。需要一个强大而统一的安全管理平台,然而伴随着网络与业务平台之间信任关系的割裂,新安全问题也就无法避免地产生了。

5.物联网的隐私保护问题

由于物联网实现了感知层、网络层和应用层的融合,将物与物、物与人、人与人有机地结合起来,实现了感知、探测、采集、融合、传输和计算控制为一体的网络架构,人或物体的一些隐私数据必然具备更广阔的获取途径,例如用医疗传感器节点来主动采集人的生理数据。如何在不影响物联网正常运转的情况下来保护一些隐私数据不被非法地窃听、篡改和恶意传播,已成为物联网广泛应用的一块新"绊脚石"。

在传统计算机网络中,网络层的安全和业务层的安全毫不相干是独立存在的。而物联网就大同了,由于其是基于已有移动网络且集成了无线传感器网络和应用平台后导致了很大一部分的特殊安全问题。既然如此,移动网络或无线传感器网络的大部分机制仍然可以适用于物联网,且能够提供如认证机制、加密机制等相关安全手段以保持一定的安全性。当然,只有这些还远远不够,具体还要结合物联网的特点,将安全机制调整和补充到最佳状态。

截止到目前,对人们来说,物联网仍然是一种概念,其发展空间仍比较大,仍需在具体实践中构建其具体实现结构等。故物联网的安全机制也可以称得上是无线传感器网络时代走入物联网时代的关键问题。

参考文献

[1]赵仕俊,唐懿芳.无线传感器网络[M].北京:科学出版社,2013.

[2]王汝传,孙力娟.无线传感器网络技术导论[M].北京:清华大学出版社,2012.

[3]陈林星.无线传感器网络技术与应用[M].北京:电子工业出版社,2009.

[4]李善仓,张克旺.无线传感器网络原理与应用[M].北京:机械工业出版社,2008.

[5]李晓维.无线传感器网络技术[M].北京:北京理工大学出版社,2007.

[6]朱祥贤.无线传感器网络的安全技术研究[J].信息安全与通信保密,2009(12).

[7]闫韬.物联网隐私保护及密钥管理机制中若干关键技术研究[D].北京:北京邮电大学,2012.

[8]张丽.无线传感器网络的体系结构及应用[J].电子设计工程,2013(18).

[9]宋菲.无线传感器网络的安全性分析[J].舰船电子工程,2009(11).

[10]王雪丽.基于密钥和概率多路径冗余的 Wormhole 攻击监测方法研究[D].杭州:浙江工商大学,2011.

[11]崔振山等.物联网感知层的安全威胁与安全技术[J].保密科学技术,2012(11).

[12]刘波.基于区域信息的 WSN 密钥管理方案的研究[D].长沙:中南大学,2012.